DUMONT
杜蒙·阅途

京都人情味小吃

挑剔老饕的
寻味之旅 100+

黄国华　著

U0272851

北京出版集团公司

北京出版社

图书在版编目（CIP）数据

京都人情味小吃 / 黄国华著. — 北京 : 北京出版
社，2017.3
ISBN 978-7-200-12252-7

Ⅰ. ①京… Ⅱ. ①黄… Ⅲ. ①风味小吃—介绍—京都
Ⅳ. ① TS972.143.13

中国版本图书馆 CIP 数据核字（2017）第 042281 号

京都人情味小吃
JINGDU RENQINGWEI XIAOCHI

黄国华　著

＊

北 京 出 版 集 团 公 司
北 京 出 版 社　出版

（北京北三环中路 6 号）
邮政编码：100120
网　　　址：www.bph.com.cn
北 京 出 版 集 团 公 司 总 发 行
新 华 书 店 经 销
北 京 天 颖 印 刷 有 限 公 司 印刷

＊

889 毫米 ×1194 毫米　32 开本　8 印张　185 千字
2017 年 3 月第 1 版　2017 年 3 月第 1 次印刷
ISBN 978-7-200-12252-7

定价：49.00 元
如有印装质量问题，由本社负责调换
质量监督电话：010-58572393

推荐序

你是会过好日子的人吗？

财经畅销书《只买一支股，胜过18%》作者施升辉

总干事黄国华是我的偶像。我敬佩他的地方，不是他理财畅销书作家的身份，而是这个身份之外的身影。孔子说："君子不器"，而要为这句话找最佳代言人，黄国华绝对是不二人选。

其他理财畅销作家只会教读者赚钱，却不会教大家如何把赚来的钱拿去花掉。投资人都迷信复利效果，要把赚来的钱再投入，让钱滚钱才能达成致富的目标。但是，黄国华的一系列旅游美食书，则传达了一个非常重要的讯息：理财不是为了要赚更多的钱，而是要大幅提升生活的质量。这个理念大大启发了我近年来不断呼吁读者要乐活、轻松的投资态度。

人情味小吃，让你花小钱吃得开心

我妄想模仿他的写作途径，因此不只写投资理财，也写我最爱的电影，但是黄国华树立的标杆，我却望尘莫及，因为他把书写理财的严谨态度同样运用在旅游美食的探索上。他为了完成本书，不只自费、低调，而且绝不配合商家营销，然后把他所见所闻所尝，真实呈现给读者。

一般美食家总爱炫耀米其林级的味蕾享受，但黄国华却独钟情于私房亲民的寻常料理，让绝大多数的读者在经济能力允许的范围内，有机会品尝，而不是只在文字图片中神游。

看完全书之后，我已迫不及待地要带着《京都人情味小吃》，好好来一趟地道的京都美食之旅了。

自序

来吧! 把美食当成旅行中最重要的小事

本书所介绍的30家餐厅只是我个人的偏好,绝对称不上必吃或非吃不可的地步,这世界上并没有什么食物是非吃不可的,我不想把美食经验的分享无限上纲到浮夸的唯我独尊。

感谢人情味小吃风潮,让旅游更有滋味

上一本《东京B级美食》低调出版后,意外地引起出版界与旅游界的热潮,一本又一本颇具人情味的小吃导览书籍接连问世。我很乐见自己的抛砖引玉终于让赴日本的旅客重视起"觅食"这件人生要事,从东京到京都、大阪,虽然一共列选了80多家餐厅,但我绝对相信还有很多"漏网之鱼",也期望更多的读者与旅游作家们一起来挖掘与报道日本的平价美食,让我们的旅游更有滋味。

到异国品尝料理时,"世界是平的"这句话完全可以丢进学术垃圾桶。料理与大量制造的工业产品不同,也许我们在国内可以吃到不同国度的美食,也许我们可以复制异国料理的外观,但却

无法完全复制美味精髓。

在京都，我吃到素食餐厅对蔬菜的细致处理，我吃到拉面师傅对酱汁的独到见解，我吃到回归起司本质的比萨，我见识到舒芙蕾厨师的功力，我品尝到章鱼烧的巨大差异与关键细节，我佩服大阪烧师父的耐心，我看到阿王饼老师傅对古法的坚持。不同食物都有其原乡，到日本料理的原乡品尝美食，每次都让人获得惊艳不已的感动，这种感动除了让我大快朵颐之外，更让我在一次又一次辛苦奔波的采访行程中，有了前所未有的人生体验，也让我学到用更柔软的心、更细腻的想法去面对一切。

吃小吃等于没气氛？《京都人情味小吃》不一样

眼尖的读者应该看得出本书所选的餐厅与店家和前一本《东京B级美食》比较，在售价上似乎没有那么低，本书所挑选的餐厅中确实有少数食物售价偏高，这并非我的疏失，因为京都毕竟与东京不一样，我在选择要采访的店家时，便宜味美并非唯一选项，气氛、日本元素和精致度也列为重要考虑因素。

前后3年9趟的日本美食小吃采访行程，至少有1/4的被采访店家没有选入书中，有些餐厅是因为口味过于油腻古怪，超过我的极限，有些是老板太有性格，没有固定营业时间，有些是老板年纪过大以致供应不足，有些是口味与材料明显退步，有些是服务态度不佳，有些则是口味与口碑有相当大的落差，我不想为了凑篇幅而滥竽充数，否则我大可多出版几本书来赚取版税。

让旅行充满美味，人生更有滋味

书写《京都人情味小吃》系列的过程虽然有些辛苦，但我始终保持着欢喜的态度来采访、品尝与出版，我希望带给读者不一样的旅行观，希

望读者可以尝试着用美食来担纲旅行的主轴，让旅行充满美味，人生更有滋味。

也要感谢出版社，他们愿意听信我这个交易员出身的财经作家的"天马行空的美食书出版计划"，更让人惊讶的是，他们竟然比我对"人情味美食"这个出版计划更有信心。

最后我想要感谢几趟采访中被我动员到日本充当食客的同事、朋友与家人，他们忍受舟车劳顿、食不知味与肠胃不适的风险。他们分别是：杨泫霖、钟维燊、林欣仪、柯季聪、黄虹溪、彭育祥、刘育廷。还特别要感谢曾玲雅、陈巧真、张乃伟、林宽侑、黄幸杰、李淮埥、林世峰，因为有你们，本书更棒了！

CONTENTS

京都市区

地道和风、日式文明的精华荟萃

大阪

大隐，隐于市：
在市集中寻觅人群的温度

神户、明石、姬路

古意盎然，返回昭和初期
不假修饰的风情

美食旅游路线

依照不同时间、偏好、
玩乐形态，推荐5种
无脑行程

寻巷陌生活，品人文景致

边逛边吃版·目录

使用说明

本书文章以介绍食物店家为主，以介绍旅游地为辅，以期介绍出最有特色的美食。
每篇都有一个美食店面和"顺游景点"。吃好 + 逛好，就是旅游的王道！

● 店名

● 店面招牌

● 最接近的
车站名或地点

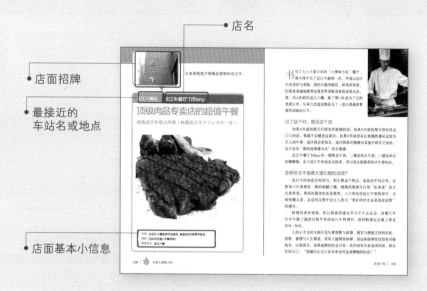

● 店面基本小信息

这里都是总干事黄国华最推荐的招牌菜，让你点菜不走冤枉路！
另附上照片，不会讲日语的人，就用手指指给店员点菜吧！

● 菜名的中文翻译

● 菜名的日文

● 菜名的念法

● 参考价格

这里是店面的参观信息，以及易迷路者也
看得懂的地图，绝对让你容易找到！

"顺游景点"是最接近美食店面的适宜游逛地点。
吃完饭怕肚子不消化？来景点走一走吧！

"顺游景点"的最后会附上当地简易地图，
让你简单规划好行程！

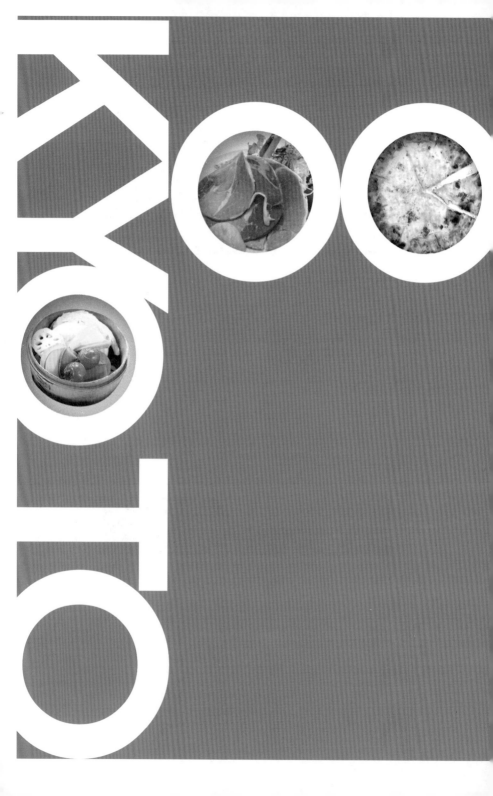

京都市区
地道和风、日式文明的精华荟萃

带老人、小孩者必看！

乌丸四条站　素食餐厅·无目的咖啡

素食旅行者的美食

什锦蒸笼蔬菜套餐（セイロセット）

> **交通**: 地铁乌丸四条站下车走5~10分钟
> **预算**: 700~1900日元
> **顺游景点**: 锦市场

　　一直有朋友问我："日本哪里有素食美食？"坦白说，日本少有素食餐厅，主因是日本佛教并没有严格禁荤，即便餐点强调无肉无蛋，通常也会在料理过程中掺入海鲜类的高汤，以致许多素食者在旅游时，只能买沙拉果腹，或是参加旅行社举办的高价素食团。

　　为了解决素食者的困扰，我特别在京都市区找到这家无目的咖啡（ムモクテキカフェ），它除了提供无肉无蛋无奶的料理外，特别点明了不含鱼高汤的餐点。这里的素食不油腻，有着日本和风的淡雅；选材上也多样细致，从中能感受到日本的职人精神，在素食料理上也体现得淋漓尽致。

　　"ムモクテキカフェ"念作 Mumokuteki Café，这个店名是"无目的"的意思，也许想要强调这里卖的是"别抱着太多想法"的轻食，但对旅游的素食者而言，反倒是"有目的"的美食救赎，从此可畅游京都，无须迁就。

有素食，也有风格可爱的杂货小铺

　　这家店坐落在京都最热闹的河原町通、新京极通与锦小路通闹市区巷弄内，对于想要兼顾逛街与素食的人而言，相当便利。不过，它的店面位于2楼，楼下是生活杂物小铺，寻找的时候得仔细一点，以免错过。

　　要注意的是，全店强调无肉无蛋无奶，但部分料理依然有鱼高汤的

成分。不过素食者不用担心，菜单上会标明哪几样餐点有鱼高汤，菜单餐点的照片旁边如果有小鱼的图样，就表示该餐点有鱼高汤。不吃素的朋友，也可以和素食者一起享用。餐厅有英文菜单并附食物图片，相当方便。

店家友善准备亲子空间

　　带儿童去日本玩时，是不是很容易为儿童的饮食和声量烦恼？别担心，这家店还附带儿童专区，为那些带儿童的客人提供独享的空间，甚至还有玩具和绘本，打发儿童的无聊时间。餐点比亲子餐厅可口，妈妈也可以吃个好饭。看到这些贴心的服务，无目的咖啡在我心中的地位已经提升到京都必尝神店的等级了。

跟着食客点招牌菜

酥炸青蔬咖喱饭（揚げ野菜もりもりカレー）

Age yasai morimori kare
1200日元

喜欢重口味的可以点酥炸青蔬咖喱饭，这道菜是全素，但咖喱味道可一点都不马虎。使用印度咖喱调味，香味十足。

什锦蒸笼蔬菜套餐（セイロセット）

Seirosetto 1000日元

我个人最喜爱的是什锦蒸笼蔬菜套餐。放在蒸笼里的蔬菜少说有七八种，配色美妙，实在好吃，堪称我行走多年最难忘的蔬菜料理。

蒸笼的火候拿捏得相当精准，不软烂也不过硬。更让我啧啧称奇的是，从易熟的大白菜到不易熟的南瓜及菜花，它们的熟度几乎相同，或许是淋上高汤的缘故（这是我的猜测，因为店家坚持不肯透露做法），蔬菜

的鲜甜味完全被提引出来，口味不会太清淡，再配碗五谷饭与味噌汤，完全扭转了我对纯蔬菜料理的印象。对了，要特别注意，这款套餐使用了鱼高汤。

豆腐汉堡套餐（豆腐ハンバーガーセット）

Tofu hanbagasetto 910日元

这道是全素食材，以大豆纤维制作成汉堡肉，除了带有浓浓的豆腐香外，炸过之后竟然有着和牛肉一样的香味和口感，真是满足又健康。

美食信息

无目的咖啡（ムモクテキカフェ）

➡ 位于京都闹市区御幸町通上，地铁、巴士都可抵达，可从地铁乌丸站、乌丸御池站，阪急电铁河原町站以及京阪本线三条巴士站与祇园四条巴士站下车走路前往，店家距离上述各站5~10分钟路程，距离新京极通、锦小路通也只要步行2~5分钟。

推 ★★★★★

店内气氛★★★★★

交通便利★★★★★

🕐 排队时间：10~30分钟。

🕐 11:30—21:00（最后进场时间），1月1日休息。

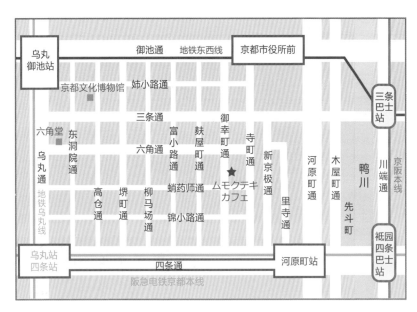

锦市场
京都的灶脚

　　若你同意人类历史奠基在饮食文化，号称京都厨房的锦市场的点滴食材，或许可称得上是京都庶民千年以来的文化总和。

　　然而，近年来锦市场成为观光客的美食胜地，前往京都厨房的游客越来越多。所以，若要避开观光客多的时间去觅食，别太早，也别太晚，更别在用餐时间去，下午一点半到两点是个不错的觅食时间，午餐的人潮已散，餐摊正在替晚上吃饭买菜的人潮做进货的准备。晚餐时间也不建议，因为除了观光客很多以外，那些京都菜摊早就打烊了。

　　锦市场之所以会受欢迎，能边买边看、边走边吃是个优点。除了祭典以外，日本人很少边走边吃，锦市场综合了市集、美食街与京都食物等元素，而且可以豪迈地在一个个摊位旁站着吃或

边走边吃，自然受到大家的欢迎。

在锦市场，有机会看到京都蔬菜商家进货与处理材料的细腻，可以看鱼摊或丸子摊的加工过程，有些鱼贩会在门口弄张小桌，卖起立刻能吃的生鱼片或蟹腿！各式各样的食物等着你，放胆去吃是逛锦市场的唯一秘诀，所以……管他呢，吃就对了！把你在股市中放胆乱买股票的勇气拿出来！

参观信息

锦市场

➡ 和锦市场连接的锦小路，泛指以锦天满宫为中心扩散出去的数条巷弄的广大商店街区。锦小路和紧邻的新京极商店街已经连成一片，不容易区别。

➡ 搭京都5号巴士在四条高仓（大丸百货店前）站下车，或在地铁乌丸线乌丸四条站下车，或在阪急电铁京都本线乌丸站下车。

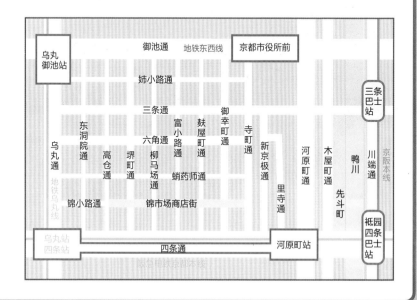

日本传统纯度最高的面食

乌丸御池站　荞麦面店·本家尾张屋（总店）

五百五十年的老滋味

宝来荞麦面（宝来そば）

交通：搭乌丸线在乌丸御池站下车，从1号口出步行3分钟抵达
预算：1000~2000日元
顺游景点：京都文化博物馆

荞麦面堪称日本传统纯度最高的面食，拉面、乌冬面、中华面一来全都起源自中国，二来早已传遍全球，即便在一些小城乡下都有机会吃上一碗拉面或乌冬面，但荞麦面的普及率在日本以外就低很多，更遑论好吃地道。

据说荞麦是从西伯利亚传到日本的，另一说是起源于北海道，但真正将荞麦磨成面粉、制成面条，却是近几百年的事情，可见荞麦面对日本人来说算是近代食物。正因如此，才会被喜欢新奇的江户人青睐，造成今日关东荞麦和关西乌冬的壁垒分明。

关东人喜爱吃荞麦面的另一个因素是产地，荞麦主要的产地在长野、山梨与群马一带，因原料易得，东京人偏爱荞麦面理所当然。

日本人认为荞麦面属于料亭级食物，桌椅装潢都比拉面店讲究，荞麦面的价位也比拉面、乌冬面来得贵一些。跟中国台湾不同，日本人反而把拉面或乌冬面视为廉价快餐，定价五六百日元的面到处都有，但荞麦面的售价硬生生地高许多。

内行人的荞麦面吃法

荞麦面店另一个特点是大白天可以喝酒，换句话说，荞麦面店也被当成较正式的简易型社交场所。所以，荞麦面店家多半会贩卖些配菜和酒类，而拉面或乌冬面店的菜单上顶多加上饺子、水煮蛋等。

荞麦面呈铁灰色，口感偏硬却细，多半是"冷食＋蘸酱"的吃法。内行人吃面有一定的步骤：先拉起面来，闻闻荞麦香，再将面条夹放在酱汁浅碗内，注意不可全下，酱汁只蘸一半。面条细，入口不必咀嚼过久，最好是一口气吞下去，享受酱汁与面条的细致。

我爱吃荞麦面，因此足迹遍及安昙野（荞麦的故乡）、松本以及东京的大街小巷，没想到却让我在荞麦面并不普及的京都遇到日本第一的荞麦面！位于乌丸通与二条通内小巷子的本家尾张屋是我十多年来遍尝上百家荞麦面中最棒的一家！吃过它的荞麦面后直呼："多年的第一名荞麦面追寻之旅，总算可以暂告一段落了。"

传承十六代，连天皇也爱吃

本家尾张屋在京都拥有4家店，老店创始于1465年。1465年耶！从1465年还要等100多年，葡萄牙水手才发现中国台湾；1465年，日本才刚进入天昏地暗的战国时代；而那时，远在西欧的德国还只是日耳曼小部落的集合。

本家尾张屋刚开始时，只是贩售荞麦做的和果子，直到1700年才改卖荞麦面。目前以荞麦面为主要营业项目，一楼玄关柜台仍旧售卖和

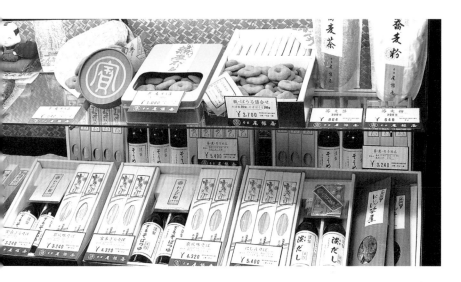

果子。

　　店家内部依旧保存着京都传统的町家格局。狭长的楼梯、深邃的长廊，让人沉浸在500多年老铺的历史氛围中。选用的荞麦并非来自传统的信州，而是北海道，所以面条略粗，但口感却比较柔顺，对于不太习惯传统荞麦面偏粗硬口感的人而言，应该比较容易接受。

　　本家尾张屋被我评为"日本第一"的主因不在荞麦面条，而是酱汁与配料。特别是它的镇店料理宝来荞麦面。自古以来，荞麦面被视为吉利、带有好运的食物，人们常说"吃荞麦好运好事就会来"，所以本家尾张屋将自己特制的料理取名为"宝来荞麦面"，希望每个吃荞麦面的人都时运旺旺。

　　本家尾张屋除了宝来荞麦面以外，还有另外二三十种面食，想吃其他的可以点乌冬面。除了日文菜单以外还有附图片的英文菜单，点餐便利，不想花太多钱的食客和只想欣赏京町家气氛的食客，可以点售价只要756日元的基本款阳春荞麦面（かけそば）。

跟着食客点招牌菜

宝来荞麦面（宝来そば）
Horai soba 2160日元

这道宝来荞麦面是第14代老板研发出来的（目前已经传到第16代）。宝来荞麦面的蘸汁香味咸味俱足，配料多得眼花缭乱。有葱、芝麻、鸡蛋丝、香菇、炸虾球、红叶萝卜泥、海菜、木耳和芥末等。这些配料没有加进酱汁，而是让客人按照喜好自由搭配，品尝面条前，缤纷的配料组合，已经是种视觉享受。

配料中最关键的是红叶萝卜泥，名称虽为红叶，其实是在白萝卜泥上撒了辣椒粉，让酱汁微辣。最让我食

指大动的是芝麻，荞麦面条和着满满芝麻粒的酱汁，浓郁的香气充满层次感。宝来荞麦面的分量也挺有诚意，漆器中一口气给了满满5层面条，分量之多连我这种壮汉都差点吃不下呢！

除了酱汁以外，还附上煮过荞麦的面汤，汤头有淡淡的樱花香，吃完面条后把汤加进满满配料与辛香料的酱汁，谱出难忘的滋味。虽然宝来荞麦面贵了一些，但走出店家，会让你直呼："就是这味儿！"不用再走遍日本苦苦找寻"终极"荞麦面了。

美食信息

荞麦面店·本家尾张屋（总店）

➡️ 搭京都地铁乌丸线在乌丸御池站下车，从1号口出步行3分钟即可抵达。

推 ★★★★★
店内气氛★★★★★
交通便利★★★★★

🕐 排队时间：5~20分钟。

🕐 11:00—19:00（18:30以前进场），
1月1日—1月2日休息。

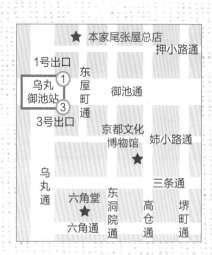

京都文化博物馆

白天美，夜晚更美的旧日本银行京都分行

　　品尝完荞麦面后，不妨花10分钟逛逛附近三条通这条最古色古香的京都老巷。漫步其间，首先映入眼帘的是栋古典建筑——京都文化博物馆，仔细瞧瞧一定会发觉和台北"总统府"有点相似。这绝非只是主观感受，因为两栋建筑物有共同的设计者。

　　建于1906年的京都文化博物馆，是由大正时期知名建筑大师辰野金吾与他的弟子长野宇平治共同设计，而台北"总统府"的设计者正是长野宇平治。辰野金吾建筑学派走的是自由古典风格，这种风格的特色是融合英国传统砖造建筑，再搭配灰白色系装饰，外墙有着红白（或红灰）相间的色彩视觉效果。辰野金吾的弟子把这种

风格大量运用在中国台湾的建筑上，如台北"总统府"、台湾大学医学院附设医院、台湾红楼戏院等。

博物馆分为主馆与别馆，两者连在一起，主馆是新式的建筑，馆内陈列的是京都历史发展过程与文化的介绍以及艺文的收藏，还有文化创意商品与京都杂货的商店。别馆的前身是旧日本银行京都支行，现在被列为日本重要文化财产，一楼采用挑高设计，通常作为表演场地。

另外，全馆免费参观，没有太多游客，后面还有露天咖啡厅，简直是京都市区闹中取静的胜地。

参观信息

京都文化博物馆

- ➡ 乌丸御池站下车3号口出步行3分钟。
- ¥ 别馆免费（但参观本馆内的特展则需另外购票）。
- 🕐 10:00—19:30，
  特展时间：10:00—18:00，
  周一及少数月份的周二休息。

玄关的招牌，从创业用到现在哦！

丸太町　茶泡饭屋·丸太町十二段家

吃过正宗茶泡饭吗？在这里！
元祖お茶漬け

交通：搭京都地铁乌丸线在丸太町站下车，从2号口出步行1分钟

预算：1050~2835日元

顺游景点：京都御苑

写了近百篇美食文章，就属丸太町十二段家最难下笔，因为如果对日本饮食文化没有体验与兴趣，来此用餐说不定会大骂："一碗白饭、一碟酱菜、一块蒸蛋和一碗味噌汤，竟然要价1000多日元！"

日本茶泡饭的始祖店家，以及京渍物

我要说的是，如果你对日本料理的印象还停留在拉面、寿司或猪排饭，真心奉劝你别来吃茶泡饭、京渍物等京都传统食物，就好像对老外提起中国台湾的臭豆腐或蚵仔煎一样。

我对渍物有着莫大的迷恋，纵使没机会大快朵颐，也会钻进百货公司美食街的渍物区去试吃几口解解馋。之所以迷恋，是儿时身处基隆之

故。40年前的基隆菜市场总是有酱菜摊，再加上家中长辈偶尔会招待日本客人，吃酱菜可说是家常便饭。可惜的是，随着当年的老人家相继故去，中国台湾菜市场的酱菜摊早已销声匿迹。

细腻迷人的京野菜

京都的蔬菜颇具盛名，称为"京野菜"。京野菜有严格的产地与品种的官方定义，不可随便标记，除了必须在京都府境内种植以外，能够挂上京野菜的品种只有39种（根据京都农业协同组织规定），如圣护院芜菁、田中唐辛子、茂贺茄、崛川牛蒡、水菜、九条葱、京菇、壬生菜……古时京野菜的收获期只有夏天，为了让人们在冬天也有蔬菜可吃，京都人开始腌渍蔬菜保存起来。

腌渍方法有许多种，如酱渍是用酱油、醋、砂糖、香料与味噌当腌制材料，其他还有醋渍、糟渍（利用酒粕）、甘渍（利用糖化的米曲）、糠渍（米糠）、荏裹渍（用紫苏叶包裹各类蔬菜进行腌渍）。也依腌渍时间不同而分成浅渍（腌两三个小时）、一夜渍（腌一晚）、当座渍（腌3天到1个月）、本渍（腌3个月以上），时间越长，就得用越多的盐。在饮食习惯清淡化的趋势下，现在市面上多半是浅渍与一夜渍。

许多人会选择到锦市场吃京野菜渍物，但我偏好到位于京都御苑旁的丸太町十二段家，主因除了是老字号店家以外，店内用餐的良好氛围也是我偏好的理由，京野菜渍物与茶泡饭属于传统的京都料理，昏黄温暖的榻榻米、适合细嚼慢咽的环境、古老町家风情的装饰，比起人潮多到如过江之鲫的锦市场，更能借由一口饭、一碟渍菜、一壶茶汤去品味京都独特的从容、沉静和内敛。

丸太町十二段家的渍物有茄子、芜菁、胡瓜、萝卜、水菜、茗荷、紫苏等等。不同季节会选用不同的京野菜，其中我最喜欢浅渍芜菁叶拌饭，据说芜菁可以降尿酸、防痛风，好处太多了。与其附庸风雅假扮京都文艺青年，不如扒一大口浅渍芜菁。

丸太町十二段家另一种更负盛名的料理是元祖茶泡饭，京都茶泡饭与关东的完全不一样，京都的茶泡饭称为"BUBUZUKE"，"BUBU"指的是水与热茶，顾名思义京都茶泡饭的茶是真的茶。

而关东地区的茶泡饭是指将高汤淋进饭里一起食用，并非京都人口味比关东人清淡，而是京都人自古就习惯吃饭配口味浓厚的渍菜，无须再淋上高汤来配饭。关东的茶泡饭是高汤与饭菜一起上桌，而京都则是饭后才喝茶。

店家的主要配菜还有出汁玉子烧，以高汤做成的玉子烧，味道甜美多汁，出汁是日本料理独有的提味高汤，用鲣鱼干及昆布熬煮而成。

丸太町十二段家提供3种元祖茶泡饭套餐：萝卜元祖茶泡饭、芜菁元祖茶泡饭，以及菜之花元祖茶泡饭。

白饭可以随意添加。除了元祖茶泡饭以外，店家还提供和牛料理，由于单价比较昂贵（至少6000日元），已跳脱本书介绍便宜味美的人情味小吃的宗旨，就不特别书写了。

美食信息

茶泡饭屋·丸太町十二段家

➡ 搭京都地铁乌丸线在丸太町站下车，从2号口出步行1分钟即可抵达。

推 ★★★★★
　店内气氛★★★★★
　交通便利★★★★★

⏱ 排队时间：10~30分钟。

🕐 11:30—14:30，17:00—20:00；
　周三、1月1日、12月31日休息。

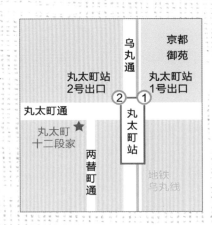

跟着食客点招牌菜

萝卜元祖茶泡饭（すずしろ）
Suzushiro 1050日元
白饭、综合渍物、玉子烧、味噌汤和煎茶的组合。

芜菁元祖茶泡饭（水菜みづな）
Miduna 1890日元
白饭、综合渍物、玉子烧、味噌汤、煎茶，以及一道季节菜色（内含时令食材，包括新鲜蔬菜与明石港产的蒸活鱼）。

菜之花元祖茶泡饭（菜の花）
Nanohana 2835日元
白饭、综合渍物、玉子烧、味噌汤、煎茶、一道季节菜色以及生鱼片。

京都御苑
美景当前，免费！欣赏秋枫春樱都无料

　　丸太町十二段家是京都的人气餐厅，免不了得大排长龙，如果不想排队，建议错开用餐时间前往。而位于餐厅旁的京都御苑是个可以消磨时间的好去处。

　　每个伟大都市的市区都会有座大公园，不见得很伟大，但肯定有着大到逛不完的面积，如纽约的中央公园、伦敦的海德公园、东京的上野公园、柏林的蒂尔加藤公园等。而京都不例外地拥有一座大公园——京都御苑（占地91万平方米，是大安森林公园的3倍多）。

　　顾名思义，御苑是日本天皇寓所的花园，1869年（明治二年）迁都东京后，跟着搬迁到东京的天皇便不再居住于此地。1949年，这里被开放成为国民公园，既然是国民公园，自然是24小时对外开放。除了天皇，还有谁能享有最棒的赏枫赏樱景点？这里绝对是赏樱赏枫的好地方，而且还不用花钱。要提醒的是，游览当年天皇居住过的京都御所和仙洞御所得提前申请。

　　御苑除了皇居御所外，还有许多偏殿，如天皇起居所在的清凉殿、念书用的御问所，踢球运动用的蹴鞠

顺游景点

庭、召见大臣用的诸大夫间（分为虎之间、鹤之间、樱之间三间 ）以及众多神社、造景庭园、各式建筑遗迹等。

参观信息

京都御苑

➡ 地铁乌丸线丸太町站下车，从1号口出步行1分钟便可抵达。

IL PAPPALARDO

三十三间堂附近的米其林餐厅！

七条站　窑烤比萨店·IL PAPPALARDO

观光胜地，也能好好吃：超浓四起司比萨

たっぷり４種類のチーズのピッツァ

> 交通：从京都车站搭乘出租车，费用大约900日元
> 预算：1500~2200日元
> 顺游景点：三十三间堂

京都市区说大不大说小不小，比如说京都府，面积几乎和北北基（台北、新北、基隆）加上桃园、新竹一样大，但只算观光客驻足的京都市区，就只有台北市的1/9。然而，每年造访京都的观光客接近6000万人次，当地人口却只有100来万（差不多是板桥加上中永和的人，其中还有约10万的外国常住者）。

观光客的京都，餐厅口味也在巨变

换句话说，行走在京都市区，大半是观光客，此类结构也反映在餐饮上。过去10年来，我年年来京都，都有种京都的饮食越来越洋化（或中化、韩化）的感受。除名店外，纯京都风的新开店实在难寻。不过，这是时代必然的演进，换一种心情，去品尝京都风洋食，体验巨变中的京都也是种觅食乐趣。

营业20年的IL PAPPALARDO就颠覆了我对比萨的看法与吃法。IL PAPPALARDO位于东山区名胜三十三间堂、智积院与京都女子大学旁。一走进店家，便能感受到迥异于京都传统老店的格调：开放式的料理台、纯意式火烤窑，微笑的老板到桌边服务之际，却能遥望妙法院的古老外墙……这些虽不错，但在我的标准里，也只能算刚好及格而已。

颠覆之因，全在起司！

大多数比萨，常围绕在食材上做变化。IL PAPPALARDO则不特别强调食材，而是专精于比萨的精髓——起司、酱料、辛香料以及上菜的

程序。

先谈上菜的程序。如果点了两种以上的比萨，主厨会先上清淡口味，然后再随着口味的浓厚依序端上桌，不会让顾客承受"头重脚轻"的味蕾压力。不同比萨用的酱料与起司都不一样，多点几道比萨可以享受味觉魔法般的变化，白酱有浓厚的高汤味道，鸡肉比萨的鸡为来自京都乡下的地鸡，与台湾的热带鸡种不一样。

更值得一提的是，店家曾入围米其林餐厅名单，用较低的价格，就能吃到米其林料理，还能到三十三间堂游览！店家的比萨菜单会随着季节有所变化，其中，我特别想介绍三款比萨：超浓四起司比萨、水手比萨与玛格丽特罗勒叶比萨。

这里的甜点我推荐两种，一是意式布丁，用大量鲜奶油和香草籽一起制作；二是水果塔，就餐当天用的是无花果，塔底的饼皮很香，看不懂日文的人可以指着本书的照片点餐，省去阅读菜单上法文翻译成的日

文的麻烦。每款比萨的分量大约等同于一个人的食量，再加上餐前无限量供应的德式面包，即便是壮汉，顶多再点一份甜点，就可以饱餐一顿。

比萨的核心是起司。以前的我总是迷失在搭配的食材中，绚烂的枝节往往淹没了核心价值，但我在 IL PAPPALARDO 尝到的不只是美食，还有返璞归真的人生哲理。

这是一款味道浓厚的比萨，厌恶起司者可能无法入口，热爱起司者却会爱不释手，只要一口就会上瘾！

水手比萨（チーズのないニンニクとオレガノだけのシンプルなピッツァ）
Pizza Marinara 1500日元

那不勒斯水手比萨有最经典的比萨口味，也称渔夫比萨。只用简单的大蒜、罗勒叶和番茄酱一决胜负，除了可以尝尝比萨中很罕见的蒜头，完全没有配料更是考验从那不勒斯回来的主厨的功力，只用奥勒冈香料来提味，回到单纯的比萨口感。喜欢大蒜的人，一定要试试看。

超浓四起司比萨（たっぷり4種類のチーズのピッツァ）
Pizza Quatro Formaggi 2300日元

这款是店内的镇店招牌，如果你只想点1份比萨，直接找这款准没错！它使用了四种不同的起司，包括马苏里拉起司、帕马森干酪、半软质的塔雷吉欧起司（Taleggio），以及1份古冈佐拉蓝莓起司（Gorgonzola）。

由于蓝莓的味道相当浓厚，在中国台湾少有店家提供，然而这道比萨烤起来并没有夸张的味道，吃完还余有浓烈的烟草香，可说是后劲十足。

**玛格丽特罗勒叶比萨（モッツ
ァレラチーズとバジルのピッツ
ァ）**

Pizza Margherit 1700日元

　　比萨的饼皮上只有番茄酱
汁、罗勒叶、马苏里拉起司和橄
榄油4种食材，是纯正的那不勒
斯比萨。那不勒斯比萨的标准是
尝起来必须带有面粉的香气，这
款比萨绝对合格，罗勒叶的清香
更是让人回味无穷。

美食信息

窑烤比萨店·IL PAPPALARDO

➡ 强烈建议从京都车站搭乘出租车，在智积院下车即可。从京都车站搭过来的
　费用大约900日元。此外从三十三间堂沿着七条通步行约5分钟。

推 ★★★★★　　店内气氛★★★★★　　交通便利★★★★

⏱ 排队时间：旺季（3—4月、10—12月）中午需排队5~15分钟，不想排队者
　建议傍晚前往。

🕐 11:30—14:30，17:30—21:00；周二休息。

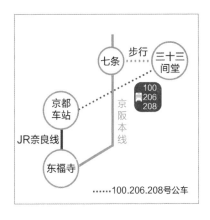

顺游景点

三十三间堂

世界最长木造建筑!

　　三十三间堂是莲华王院的正殿,在1165年由平清盛建造而成,此后历经几次战火,所幸都修复完好。

　　三十三间堂的"间"是日本古时候一种度量建筑物长度的单位,一间大概是1.8米,这个长度也是柱子到柱子间的长度,而莲华王院的正殿长度就是33间(59.4米),而"堂"就是度量衡的度,所以又称为三十三间堂。

　　三十三又代表着佛祖在人世间拯救众生的33种面相。三十三间堂内有观音、四大天王,再加上二十八部众,整个佛殿共摆了1033尊神像。

静静走在三十三间堂之中，自然会想起天龙八部。天龙八部一词源自佛经，包括八种神道怪物，因为以"天"及"龙"为首，所以称为"天龙八部"。八部者，一天众，二龙众，三夜叉，四乾达婆，五阿修罗，六迦楼罗，七紧那罗，八摩呼罗迦。

　　会提到天龙八部绝非只是主观臆测，三十三间堂的建造时间为1165年，约等于中国南宋第2个皇帝的年代，同时也是天龙八部故事里大理国的年代，当时，大乘佛教从中国传入日本，特别是净土真宗佛派，对京都影响深远。三十三间堂除了本院以外还有东西两座本愿寺也属于大乘佛教的净土真宗，净土真宗派由中国辗转传入日本。至今，当时的建筑与典藏在日本仍得到很好的保存。

　　日本人那种彻底学习并保留好东西的精神是我参访三十三间堂最深的感触。

　　多达千尊的观音佛像很值得一看，门票只需600日元，相当便宜，开放时间是每天8:00—17:00，且全年无休，对于行程的安排十分便利。

参观信息
三十三间堂

➡ 从京都车站搭100、206、208 巴士，在博物馆三十三间堂前下车。或京阪地铁七条站下车步行5分钟。因为三十三间堂距离京都车站仅1000米，如果搭乘出租车会比较省时。

🕐 全年无休。

200年好口碑的京都美食！

祇园四条站　箱寿司・いづ重（izu juu）

别处吃不到的绝品鲭姿寿司

鲭姿すし

交通：搭京阪本线在祇园四条站7号出口下车
预算：1260~5000日元
顺游景点：祇园

我一直深深觉得，在吃美食之余，若能借由美食的背景深入咀嚼东洋文化也相当有趣，尤其是在传统美食、百年老店甚多的京都！

像是"寿司"这道源自奈良时代（1400年前）、历史相当古老的食物，一开始只是熟寿司，到了17世纪末，寿司才加了醋来增加酸味，将用醋腌渍后的鱼肉以及白饭放进箱子内压制成形后再切成块状食用，这种吃法最早流行于关西，也就是现在俗称的箱寿司（或称押寿司），然而传到江户（东京）后，江户的师傅为了应付繁忙的江户客人而省略了压箱的步骤，改为用手将鱼肉与醋饭捏制成形来售卖，这便是现在所谓的握寿司，所以箱寿司相对握寿司，才是正统的寿司。

关西人认为东京的握寿司只是简化后的快餐料理，但这绝非关东人与关西人之间的嘴炮，箱寿司的步骤繁琐，除了要把昆布味融入到白饭里，白饭熬煮的时间（数小时）也相当长，并且必须搭配食材一起熬煮，师傅的刀功更是讲究。

　　演变至今，箱寿司被视为正式且高级的料理，而握寿司则是平民快餐，虽然可以看到许多标榜昂贵食材的高贵握寿司，但日本的大街小巷到处都有平价的握寿司（如一盘120~130日元的回转寿司），但却很难吃到低价的箱寿司。箱寿司比起握寿司，除了鱼类食材的比较以外，更重视醋饭的提味。

　　位于京都祇园八坂神社对面的箱寿司料理店"いづ重"（izu juu）除了可以吃到箱寿司以外，还可以一尝鲭鱼。提到鲭鱼不得不谈到"鲭街道"（也称"鲭鱼古道"），京都并不靠海，在古时候没有冷冻设备，也没有运输设备，当时京都的贵族或富人想要吃日本海的渔获（如鲭鱼、鰤鱼甚至松叶蟹）不得不仰赖人工挑运，挑夫背着鲭鱼从鲭街道的起点——海港小浜

（这个小镇相当有名，连美国前总统奥巴马都曾到访，原因无他，因为小浜的日语发音正是OBAMA）一路翻山越岭运到京都，据说得花18小时才能运达。

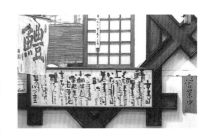

我曾经从京都开车到小浜，开车的时间就得花2小时，可见当年的辛苦。正因如此，鲭鱼箱寿司才成为京都高贵料理的象征。

店家还附有图文并茂的英文菜单，对不谙日文的人来说相当方便。

美食信息

箱寿司·いづ重（izu juu）

➡ 搭京阪本线在祇园四条站7号出口下车往八坂神社方向步行2~3分钟，或搭阪急电铁在河原町站先斗町出口（5号出口）过鸭川往八坂神社步行约5分钟。

推 ★★★★★　店内气氛★★★★★　交通便利★★★★★

🕐 排队时间：5~10分钟。

🕐 10:00—19:00，周二休息。

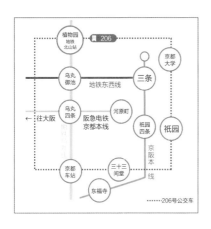

跟着食客点招牌菜

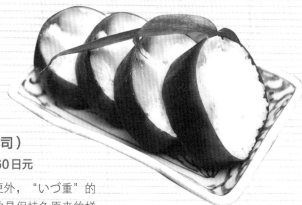

鲭姿寿司（鲭寿司）
Saba sushi 2160日元

　　除了交通方便外，"いづ重"的鲭姿寿司（姿指的是保持鱼原来的样貌，不去皮）的售价还相当亲民，2000日元出头便可饱餐一顿。许多人不太能接受鲭鱼特有的微腥味，但"いづ重"的生鲭鱼搭配醋及和式酱油，却有股令人欲罢不能的好味道。在对马海峡捕获的寒带鲭鱼有更多的油脂，吃起来口感饱满湿润。昆布上的微微牵丝更是好吃的证据。

　　店内还推荐竹荚鱼寿司（鰺寿司Aji Sushi）、秋刀鱼寿司（さんま寿司Sanma Sushi）和沙丁鱼寿司（鯵寿司Iwashi Sushi）。

上箱寿司（はこすし）
Hako sushi 1620日元

　　不敢吃生鱼片的人可以选"上箱寿司"。"上箱寿司"是综合箱寿司，包括鳗鱼寿司、蛋寿司、沙丁鱼寿司和甜虾寿司。箱寿司能够保存一段时间，带着等隔天到京都郊区游玩时食用也是个不错的选择。

祇园散步

来吧，玩玩京都超大主题乐园

顺游景点

喜欢热闹的人一定要去祇园，尤其是每年7月举办的为期一个月的祭典。祭典以祇园为中心，范围覆盖花见小路、八坂神社、建仁寺、知恩院、鸭川至四条河原町，简直只能用超大型京都主题乐园来形容。就算避开了7月祭典，还有8月暑假、10—12月赏枫、1月新年假期、3—4月赏樱、5月黄金周的旅游旺季。

话虽如此，首度拜访京都的旅人还是得走一趟祇园，从京阪电铁祇园四条的出口一路逛过去，的确有许多景点可以看看，花一天或半天来趟散步小旅行，将京都的观光精华区一口气走完。

请求艺伎拍照时，别让自己变成失格的游客

若想要在花见小路一带偶遇艺伎，你可能要失望了，艺伎们会聪明地从店家的后门穿前门、前门穿后门，所以观光客在花见小路或祇园一带看到的那些故意搔首弄姿摆pose的艺伎，其实都是伪艺伎或假舞伎，真正的艺伎哪有闲工夫去理会无关紧要的观光路人呢？

许多来祇园与花见小路的游客，是抱着偶遇艺伎的心态而来，但我必须语重心长地提醒大家"人必自重而后人重之"，若有幸与艺伎不期而遇，想要拿起相机拍照无可厚非，但请带着基本的尊重。

毕竟她们服务的对象是料亭内的客人而非路人。我经常看到外国观光客为了拍照竟然阻挡她们的去路，甚至还看到过观光客伸出手抓着她们的衣服只为了拍合照。

艺伎是日本传统艺术的表演者与传承者，让她们感受到被尊重是身为旅者的基本素质

交通安排法 怎样高效率走完京都？

由于严格的法规，京都很难再兴建地铁，现有的电车系统无法涵盖整个京都，在许多没有电车经过的地方，须以巴士作为大众运输工具，许多自由行旅客也习惯把公交车当成主要交通工具，但我

多年总结出来的经验是：

1. 旺季人挤人，舍公交车搭地铁：

　　假日或旅游旺季时，热门景点的公交车经常会发生挤不上车的窘状，等上两三班才挤上车乃家常便饭，更别提热门旺季时的塞车梦魇。建议以搭电车或地铁为优先选择，再怎么拥挤，电车也勉强挤得上。

2. 京都市内景点集中，3人以上可合搭出租车，省时又不累：

　　在京都搭乘公交车自助旅行，一天顶多跑2个景点，倘若预算充足或同游人数超过（含）3人搭出租车性价比较高，京都巴士票价一次230日元，3人搭乘则需690日元，譬如要从三十三间堂到清水寺，短短2个景点的出租车车资不过八九百元。

3. 京都郊区转乘多，可搭配开车：

　　许多知名景点距离车站甚远（如银阁寺、诗仙堂、东福寺等），像是美山要转乘4到5次，坐车需要半天，开车只需1小时。部分交通不便之地，可在从美山回来时开车顺游。

参观信息

祇园

➡ 祇园全年无休，从早到晚都好看又热闹。不过一般店家的开店时间大约在上午11：00后。

祇園町南側 花見小路

花见小路
从花见小路进去走到底，建寺九百多年的建仁寺首先映入眼帘。

八坂神社
紧接着往上坡的方向沿着小巷弄走到八坂神社。

鸭川夜景
天色明灭之际，再回花见小路欣赏高级料亭的灯火，最后沿着四条通，穿过鸭川夜色。

いづ重
过马路到"いづ重"吃份鲭姿寿司，也可品尝箱寿司。

南禅院
脚力足且时间够的朋友，可以从知恩院越过山头到南禅院。

圆山公园
在八坂神社祈求姻缘后穿过圆山公园，步行到知恩院。

知恩院
沿着"知恩院通"的下坡路回到位于四条通与东大路通的八坂神社最著名的鸟居。

天天营业21小时！半夜也有得吃！

出外人的好朋友：第一旭叉烧拉面

チャーシューメン

交通：从京都车站步行，约10~15分钟

预算：550~850日元

顺游景点：西本愿寺

在介绍这家拉面店前，必须先声明，本家第一旭与关西常见的第一旭并不同，含たかばし（注：高桥）总店在内，总共才2家店面。

排队人龙就是美味的活招牌

我之所以会知道这家拉面名店，并非因它有着高知名度，而是店面的位置太巧妙。本家第一旭就位于盐小路与高仓通交叉的十字路口。

旅客若从京都车站搭车前往东福寺、三十三间堂或清水寺等名胜，必定会经过这个十字路口。而我就是在路口等红灯时，被店前那从清晨到深夜，21小时始终绵延不绝的排队长龙所吸引，才知道这家店。

坦白说，这家店离京都车站超过两三百米，不仅不在京都拉面的一级战区，而且也远离人来人往的闹市区，但饕客们却宁愿花上10多分钟的路程，外加二三十分钟的排队时间也要前往，想必此店有它的独到之处。在好奇心的催促下我终于前往，一"尝"凤愿。

简单的菜单，有信心的体现

为了避开人龙，我还特地选在22：00左右去，没想到依然得排上好一阵子的队。

据老板表示，这家面的叉烧食材都经过严格甄选。店家选

这家店的菜单很简单，一共只有4种选择：特制拉面、叉烧拉面、干笋拉面和迷你拉面。菜单印有日、英、中、韩4国语言，相当友善

用120千克左右、生产过两次的母猪，俗称中大贯。若使用年轻的猪，则脂肪含量多，汤易浊，但中大贯的猪肥厚适中，最适合酱油拉面，也能保持汤头的清澄，喝起来更顺口。我对汤头相当敏感，汤里若掺杂太多人工调味粉，很难逃过我的味蕾。在足足喝了3碗汤头之后也不觉得渴，这家店的汤头用的是纯正豚骨无误。

观光必经十字路口，意外造就超高人气!

其实拉面在京都食物中并非显学，比起东京、大阪，京都人相对较不热衷于拉面。为何本家第一旭多年下来，依旧门庭若市?

我认为制胜关键就是地点。这家店位于前往诸多风景点的必经之路上，且这个路口的红灯时间又相当久，坐在车上等待的观光客势必会被排队的人潮所吸引，引起好奇后又多会前来一探究竟，于是前赴后继来排队的人成了店家最好的营销武器。不得不佩服老板选点的智慧。

能做生意的好地段，不一定都得拥抱熙熙攘攘的人潮，有时依靠堵车停红灯的车潮也一样有用。许多事情反过来思考，也会有意想不到的结果。

跟着食客点招牌菜

叉烧拉面（チャーシューメン）

Chashu men 850日元

汤头是由酱油与豚骨共谱而出的完美协奏曲，搭配当地的九条葱与爽脆的豆芽菜，不仅平衡了咸味，更引出汤头的鲜美，在日本拉面中属于中间偏淡的派别。菜单中的特制拉面与叉烧拉面，差别仅在于面条的粗细（特制拉面的面比较细一点）。

美食信息

中华拉面·本家第一旭たかばし

➡ 从京都车站中央口出来，面向京都塔右转盐小路通直行，在第2个路口右转高仓通，约10米便可抵达。从京都车站步行，时间不会超过10分钟（含等红灯时间）。

推 ★★★★ 店内气氛★★
交通便利★★★★★

🕐 排队时间：20~50分钟。

🕐 5:00至次日2:00，周四休息。

西本愿寺

绽放"桃山时代"绚烂精致风情

　　在品尝过本家第一旭的美食后，是该找个地方逛逛，帮助饱餐的肠胃好好消化一下了。京都车站附近值得逛的地方很多，名建筑师原广司所设计的车站本体，本身就是件未来感强烈的艺术品，而站内更有许多店家进驻，如：伊势丹百货、百货美食街、拉面小屋等，光车站本身便足以让人流连忘返。而沿着宛如神社参道般的手扶梯上升，眺望车站站体与站外的京都塔，更成了欣赏京都夜景的新景点。

　　若不喜欢新潮的现代风，想要感受古都特有的沉静风情，那么转个弯，我们去西本愿寺。

　　距离京都车站约10~15分钟路程，有两座本愿寺。位于西边堀川通的是西本愿寺，位于东边乌丸通的是东本愿寺。虽然直线距离不过300米，但这两座本愿寺之间却有着极深远的历史渊源与纠葛。

顺游景点

本愿寺是净土真宗的最大教派所在地，于1272年在东山建造了一座大谷本愿寺作为本山，300多年后的1591年，第11任掌门人得到丰臣秀吉的支持，遂将本愿寺移到位于堀川通的现址。然而不出1年，第12任掌门人上台，因内部发生继承问题的纷争，新掌门人在丰臣秀吉垮台死亡后，转而寻求新政治靠山德川家康的支持，并于1602年在东侧的乌丸通盖了一座新本愿寺（即今天的东本愿寺），本愿寺从此分裂成两派。以西本愿寺为首的老一派，称为净土真宗本愿寺派，而以东本愿寺为据点的新一派，则称为真宗大谷派。

这场结合宗教的派别之争，后来也蔓延到了中国台湾，日治时代的台北也有东西本愿寺各一座，可惜已经被拆掉了。

参观信息

西本愿寺

➡ 京都车站步行10~15分钟。

🕐 6:00—17:00，全年无休。

在绝品甜点中，品尝完美爱情的滋味

东山站　舒芙蕾专卖店·六盛茶庭

舒芙蕾
Soufflé

交通：从平安神宫正门步行5分钟

预算：800~1200日元

顺游景点：平安神宫

舒芙蕾（法语Soufflé）又称作蛋奶酥，源自18世纪的法国，是一款以蛋为主原料的简单甜点。虽然甜点师傅常说舒芙蕾是"极致的失望"，但我偏爱用"爱情的滋味"来形容这款让尝过的人都难以忘怀的纯法式甜点。

以专注与时间烘焙舌尖上的爱情滋味

为什么是"极致的失望"？舒芙蕾的原料简单，但是制作却极为繁复。不管多么小心谨慎、以多么完美精准的标准程序来烘焙，只要分量、温度、时间有一丁点的差错，就会功亏一篑，完全无法补救。

对于厨师来说，舒芙蕾是道孤高的甜点；而对于食客来说，舒芙蕾也是道难以亲近的高傲甜点。因为从点餐起到上桌，少则20多分钟，多则40分钟（视大小与分量而定），习惯甜点迅速上桌的饕客或赶时间的旅人，多半无法等待。

再者是舒芙蕾一旦出炉，不到5分钟便会塌陷，且塌陷速度之快，会让不专心吃的人措手不及，所以必须把握黄金时间，一口气吃完！不能外带，更不能分心和旁人聊天，最佳品尝时机稍纵即逝。

简单的材料、心无旁骛的全心呵护、耐心的等待、必须趁热品尝、稍纵即逝的激情、很难通过时间的考验、无法重来、没有妥协。你说，像不像爱情呢？

在平安神宫旁，遇见跨越时空的极致浪漫

提到甜点的国度，不外乎法国、意大利和日本。能到法国品尝正宗的舒芙蕾当然最好，不过退而求其次，若能在日本找到也未尝不可。在日本想吃美味的舒芙蕾，当然得到六盛茶庭，这家店的知名度相当高，在平安神宫游览后，务必来这里歇歇脚，好好吃一顿！

六盛茶庭坐落在鼎鼎大名的平安神宫附近，交通相当便利，它周遭是安静的住宅区，外表与招牌虽然低调，但也不至于太难找。店前有个小巧雅致的日式玄关，店内座位不多，备有英文菜单，所以点餐没有太大困难。

店家贴心地准备了舒芙蕾吃法的手绘图解。上桌立刻在舒芙蕾表面挖一小洞，把酱汁慢慢倒进洞里，趁表面还很有弹性时，和着酱汁一起食用

舒芙蕾（スフレ）
Soufflé 800~1200日元

店内提供了多种口味任君挑选，有香草（バニラ）、蜂蜜（ハニー）、抹茶、香蕉（バナナ）、起司（チーズ）、巧克力（チョコレート）、南瓜（パンプキン）、黑蜜黄豆粉（黑蜜きなこ），不同季节还有草莓、无花果等时令水果口味，菜单相当丰富。

至于尝起来味道如何？我只能说，在尚未到法国品尝之前，六盛茶庭的舒芙蕾是我吃过的最棒的！

我知道这款传奇甜点尚未征服所有人，或许有人会觉得它像是软糊的热蛋糕，但无论如何，我还是诚挚地邀请大家来品尝它。抛开以前的甜点经验，以不带成见的味蕾去感受一下

这场温热、甜美、滑润爆浆似的味蕾飨宴，细细品味这款得来着实不易、宛如完美爱情的高傲法式甜点。

美食信息

舒芙蕾专卖店·六盛茶庭

➡ 从平安神宫正门步行5分钟。

推 ★★★★★

　店内气氛★★★★★

　交通便利★★★★★

⏱ 排队时间：假日需要排队5~20
　分钟，建议平日下午3点以后前往。

🕐 11:30—18:30，周一休息。

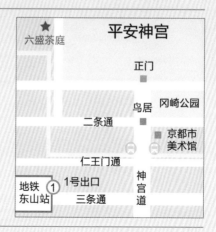

平安神宫

★ 六盛茶庭

正门

冈崎公园

鸟居

二条通

京都市美术馆

仁王门通

地铁 东山站 ① 1号出口

三条通

神宫道

平安神宫

喧嚣尘世中的一片净土

　　平安神宫供奉的天皇有两位，分别是桓武天皇（781—806年在位）和孝明天皇（1846—1867年在位），为什么是这两位相隔1000多年的天皇呢？这就得从平安神宫的名称"平安"谈起。

　　日本以前的首都是京都，当时称为"平安京"，以平安京为首都的第一任天皇正是桓武天皇，而平安京的最后一任天皇则是孝明天皇。孝明天皇的儿子是大家耳熟能详的明治天皇，明治天皇迁都东京后，便在京都盖了这座平安神宫以作纪念。

酷热京都之夏，避人避暑的绝佳胜地

　　平安神宫位于市区通往左京区或洛东的主要道路（二条通与丸太町通）上，就算旅客未刻意安排行程，一趟京都旅行下来仍会经

过数次。但或许是太过空旷，导致产生"一眼就可看穿"的错觉，事先没有做功课的观光客大概会以为平安神宫不过就是空旷的大鸟居和太极殿。而且我也曾在门口听过10多次旅行团的导游对旅客喊着："我们在平安神宫这里停留10分钟。"

10分钟？

导游通常不会告诉我们，平安神宫内还有座宛如森林的神苑。神苑是座"池泉回游式庭园"，分成南神苑、西神苑、中神苑、东神苑四大区。以随意散步的速度逛一圈大约需要1小时；若碰上樱花季或举行婚礼，正好可以拍照，整整2小时，足以存满你的相机记忆卡。

我认为最适合前往平安神宫神苑的季节是夏天。京都属于盆地地形，酷热难耐的夏天其实不是绝佳旅行季节，然而许多有小孩的家庭只有暑假方便出游。但走进大大小小的寺庙神社，虽说是神之殿堂，但却是旅人的湿热炼狱。这时候，从头到尾几乎晒不到一丝阳光的神苑森林是难得的避暑天堂。

神宫与神社的不同

　　神宫是日本天皇参拜的地方，奉祀的仅限日本皇室祖先神、天皇及有显赫功绩的特定神祇，而神社则是奉祀各地各种不同的神明。

　　日本现有神宫20余座，大抵来说可分成3类：第1类祭祀皇室祖先神，祭拜的是神明（如天照大神），如：伊势神宫、雾岛神宫；第2类祭祀天皇，如：祭祀明治天皇的明治神宫、祭祀天智天皇的近江神宫；第3类祭拜神物，如：祭拜草薙剑的热田神宫。其中地位最崇高的是伊势神宫与雾岛神宫。

　　神宫外矗立的鸟居用以区分神域与人类所居的世俗界，称为结界交叉，代表神域的入口，可将它视为"门"。那些古老的神宫或神社，其鸟居往往高耸入云，代表着人与神的结界之宽广，人与神之间则更有机缘。

参观信息

平安神宫

➡ 1. 搭京都地铁东西线在东山站下车，从1号出口步行约5分钟可以抵达神宫大鸟居。

　2. 在京都车站乌丸口搭5、100路公交车在京都市美术馆前站下车，或在祇园搭46、100路公交车在京都市美术馆前站下车。

　3. 可从京都御院、南禅院、银阁寺、祇园等景点搭出租车前往平安神宫，车资均不到1000日元。

¥ 门票：平安神宫免费，神苑600日元。

🕐 11月至次年2月8:30—16:30，
　3月—10月8:30—17:00。

入乡随俗，体会静谧京都
优雅的生活

下鸭东本町站 **日式甜品店·茶寮宝泉**

冰凉入口，暑气全消：
黑糖蜜蕨饼

わらび餅

交通：乘公交车在下鸭东本町站下车步行3分钟
预算：860~1150日元
顺游景点：下鸭神社

京都人讲究礼仪规矩。如果你进到京都本地人多的店家，还保持着某些观光客的不良习惯，难免讨嫌。

我认为，若想真正融入京都那股静谧、深沉与独特的人文氛围，入乡随俗很重要。

京都、大阪、东京的氛围各不相同。每次到京都，我都会收起在大阪大而化之的豪迈，也会放缓在东京的匆忙行色，以轻声细语、穿着得体与和善有礼的面貌融入京都。

尤其是造访位于北大路下鸭神社附近纯住宅区内的茶寮宝泉时，我建议大家能以这等面貌与心境去品尝这家餐厅的美学与美味。

茶寮宝泉深处静谧的巷弄、木墙灰瓦的围墙、传统和式造景的庭院，与其说是餐厅，倒更像贵族宅邸。寻访的客人虽多却不喧哗，每个人都静静地坐在可欣赏庭园优雅青苔美景的玄关，等候带位。玄关处有本签到簿，店员按签到先后，引领客人进入用餐。店内空间宽敞，铺设有大面积的榻榻米，桌与桌之间也不至于相互干扰。客人们三三两两席地而坐，轻声细语的氛围，与其说是到店家用餐，倒不如说是受邀到友人庭园做客，十分悠闲自在。

跟着食客点招牌菜

手指点菜也OK

黑糖蜜蕨饼（わらび餅）
Warabi Mochi 1100日元

我个人认为店内最值得一试的是黑糖蜜蕨饼。蕨饼在京都是常见的日式甜品，吃法多数是蘸黄豆粉的"干式"吃法，但茶寮宝泉却把它做成了沁凉的冰品。虽然味道接近传统蕨饼，但少了干涩多了顺滑，冰凉的口感介于粉粿和粉圆之间。上桌时会附上黑糖蜜，甜度由客人自行调配，爱吃甜或不爱吃甜的客人都能得到满足。

京都时雨（京しぐれ）
Kyo Shigure 860日元

京都时雨一如其名，是道可感受雨中京都的梦幻与浪漫的甜品。它用讨喜的透明花形玻璃碗盛装，以晶莹剔透的寒天为底，点缀着殷红小豆及金黄栗干，透过挂着冰凉水珠的玻璃望去，仿佛可窥见古都之灵正享受着蒙蒙细雨轻柔地为她去尘净身的娇羞模样，一流的视觉与心灵飨宴，着实让人舍不得全吃下肚。

沁心凉善哉（冷やしぜんざい）
Hiyasi zenzai 1050日元

这道甜品乍看与一般善哉（红豆汤）没有两样，但它的白玉团子相当有嚼劲，口感更近大福，完全不软烂。而与寻常的善哉不同的是，它的红豆并不浓稠，汤头清澈，走清淡典雅的路线。这里需要特别提醒的是，沁心凉善哉是夏季限定款，其他季节则建议选择丹波白小豆善哉（丹波白小豆のぜんざい）。

冷宇治金时（冷抹茶セット）
Hiya matcha setto 1150日元

通常我们吃的宇治金时不是冰的就是热的，这道宇治金时介于二者之间，却有不一样的滋味！这道宇治

金时的抹茶非常浓稠，搭配较一般口味更甜的红豆与栗子干，相当够味。对于无甜不欢的人而言，或许是不错的选择。

穿着和服来吃和
点心，入乡随俗，
更有风情

美食信息

日式甜点店·茶寮宝泉

➡ 搭京都市公交车204系统、206系统、北8系统在下鸭东本町站下车步行3
分钟。

推 ★★★★★ 店内气氛★★★★★ 交通便利★★★★

🕐 10:00—17:00，周三休息。

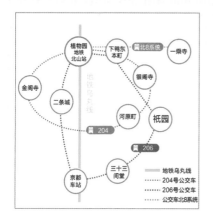

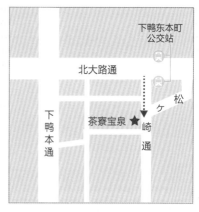

顺游景点

下鸭神社

走进神话的森林

　　下鸭神社是世界文化遗产，正式名称为贺茂御祖神社，建于8世纪，是京都众多古老神社之一。下鸭神社最初是日本古代豪族——贺茂氏的氏祖神社，在平安京迁都后，下鸭神社才逐渐转变成京城的守护神社。朱红色的楼门是下鸭神社最明显的象征，钻过鸟居，渡过流水潺潺的赖见小川，会先经过纠之森（糺の森）这片广大森林，纠之森占地面积约为东京巨蛋的3倍，是千年以来没有被开发的稀有保留地。我对于纠之森的喜爱远胜过神社本身，那是一片草木扶疏、空气清静宛如神域的罕见都市秘境。

　　纠之森里树木的年龄，从200岁到600岁都有，这里自古就被称为仙林，《源氏物语》《枕草子》等诸多文学、诗歌作品都曾吟咏过这片古老的森林。

　　与京都其他神社不同的是，下鸭神社的楼门是朱红色，造型除了

庄严以外还带有讨喜之感，是京都女性求姻缘的热门神社，所以经常可以看到日本新人在此举办传统婚礼。我个人认为它是京都市区内最值得一探究竟的神社。

参观信息

下鸭神社

➡ 1. 京都车站前搭4号或205号公交车前往，在下鸭神社前站下车。

2. 地铁乌丸线北大路站搭1号或205号公交车，在下鸭神社前站下车。

3. 搭京阪本线在出町柳站下车步行10分钟。

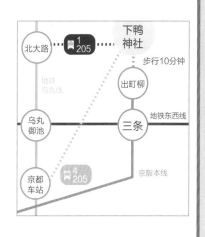

京都洋食馆始祖，独领风骚100年

出了关西就吃不到的百年布丁

百年プリン

交通: 地铁乌丸线北山站4号口出, 步行约1分钟
预算: 布丁500日元, 套餐1300~1800日元
顺游景点: 京都府立陶板美术馆、京都府立植物园

位于京都的东洋亭是家有百年以上历史的洋食餐厅（创立于1897年）。在京都，别说百年，就连千年老店都不算稀奇，但为何我还特别强调它的"百年"呢？这得从明治维新谈起。

日本在明治维新之前基本上采取锁国政策，拒绝一切外来的事物（中国与朝鲜除外），就连饮食文化也是一样，千百年来没有多大变化。直到明治天皇推行明治维新后，整个日本才开始翻转改变。

明治维新是全方位的绝对改变。别说法律典章，就连衣食住行、体育娱乐、婚丧喜庆、吃喝拉撒都一并洋化，学习得十分彻底。

明治维新时期，日本为了国民健康积极引进洋食，甚至动用国家权力来推广洋食习惯。至于什么是"洋食"呢？众说纷纭，我以自己多年品尝的经验来定义，标榜洋食的餐厅所售卖的不外乎蛋包饭、意大利面、汉堡、比萨、西式糕点等几样。日本第一家纯洋食餐厅（鹿鸣馆）在1883年开张，日本第1家咖啡厅1888年开张，洋食餐厅崛起距今也不过百年，却已百家争鸣，各领风骚。所以说，能在京都洋食界执牛耳，且存活至今的东洋亭，确属难得的始祖级洋食餐厅。

东洋亭在关西地区虽然有许多分店，但我较偏好去位于京都府立植物园对面的总店，因为除了空间宽敞、餐点项目齐全外，还可顺游一路之隔的京都府立陶板美术馆与京都府立植物园。

手指点菜 也OK

跟着食客点招牌菜

百年布丁（百年プリン）
Hyaku-nen purin 500日元

初识东洋馆，最让我惊艳的便是百年布丁这款甜点。它所使用的牛奶来自美山，采用蒸烤低温烘焙。这种烤法虽然耗时耗工，但烤出来的布丁完全没有小气泡，且口感绵密。苦涩微焦的焦糖，和美山鲜奶与香草的味道相互辉映，入口香甜不腻。布丁是上桌后才由店员为你从布丁杯内慢慢挖出，以确保其鲜度。要注意的是，套餐也附有小布丁，若胃口不大的人可以套餐的布丁为主。

海鲜蛋包饭（オムライス）
Omuraisu 1050日元

虽说店内的招牌是汉堡排，但我个人却偏爱它的蛋包饭。东洋亭本身就售卖新鲜番茄，所以使用的是店内自制的番茄酱，酸味不强却很有滋味，让我这种不爱吃番茄酱的人都能开怀大吃。更不可思议的是蛋包，奶香浓浓的蛋包出乎意料得柔软，搭配的海鲜有虾子、花枝和干贝，让人食指大动。就算带小孩来，家长也能吃得开心。

冰镇全颗番茄沙拉
（丸ごとトマトサラダ）
Marugoto tomatosarada
350日元

东洋亭最特别的前菜是冰镇番茄沙拉。虽说只要点套餐就会附上一颗，但我总会贪心地额外加点一颗。整颗番茄去皮冰镇后淋上鲔鱼酱，没吃过的人绝对无法想象两者居然如此合拍。吃得不过瘾的人还可以外带一小箱番茄回去慢慢吃。番茄的产地有季节之分，夏天来自北海道的平取，冬天来自九州岛的八代。

美食信息

洋食餐厅·キャピタル东洋亭（总店）

➡ 搭乌丸线在北山站下车，从4号口出，步行1分钟即可抵达。

推 ★★★★★

店内气氛★★★★★

交通便利★★★★★

⏲ 排队时间：假日需要排队5~20分钟。

🕐 11:00—21:00（最后进场时间），全年无休。

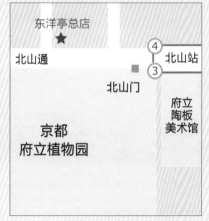

京都府立陶板美术馆

在京都，也能"朝拜"安藤忠雄

　　城市旅行与一般风景名胜旅行最大的不同之处在于旅行风貌的多样性，这里所指的旅行风貌除了美食外，更在于景点的多样性。以京都为例，跟团的固定行程多半是古迹寺庙或逛街购物，但京都绝对不是只有寺庙、古迹，建议可把行程扩及博物馆、美术馆、公园庭园、特色老铺、庶民巷弄等。

　　到关西旅游，欣赏安藤忠雄的作品是许多旅行者必安排的行程，然而由于其作品多坐落在交通相对不便利的郊外，如：淡路岛、直岛、光之教堂（位于大阪与京都之间的市郊）等，时间不那么充足的旅人可以只前往位于京都市北山的京都府立陶板美术馆（京都府立陶

板名画の庭）游览。

　　这座展馆完全颠覆了大家对美术馆的刻板印象。首先，其展览空间非室内密闭而是露天开放式；再者，它展示的是陶板画。陶板画是将画作照片转印到陶土板后，再烧制而成的作品，能永久保持原作的鲜艳色泽，且不受腐化、潮湿、虫害、光害等问题的困扰。这座陶板画美术馆收录了莫奈的《睡莲》、米开朗琪罗的《最后的审判》、达·芬奇的《最后的晚餐》等西欧文艺复兴时期6位作家的作品，以及日本画家鸟羽僧正的《鸟兽人物戏画》、中国画家张择端的《清明上河图》。

　　京都府立陶板美术馆具有浓厚的安藤风格，《睡莲》的陶板画被放置在水池内，运用借景将庭外的树木融入整体设计，参观廊道采用螺旋式循环设计，以清水混凝土墙面隔出每幅板画的空间，再使用大量透明玻璃护栏来增添空间的宽阔感和灵气。参观动线由上而下，共3层楼的高度，最后以《最后的审判》作为终点作品。

　　这其中的奥妙，就由你自行解读吧！

参观信息

京都府立陶板美术馆

➡ 地铁乌丸线北山站3号出口处，步行10秒。

¥ 票价：100日元，小学生及70岁以上老人与残障人士免费。

🕐 9:00—17:00（16:30以后不再售票），12月28日至1月4日休息。

京都府立植物园

到日本最早的公立植物园赏花去

　　到京都的北山地区，除了品尝东洋亭百年布丁与进行安藤忠雄建筑朝圣外，还可到京都府立植物园赏玩花草。植物园占地24万平方米，是日本最早的公立植物园（建于1924年），目前园内共有12000种、120000株植物。

　　园内四季皆有特色花卉植物供游客观赏，春天有樱花、郁金香，夏天有向日葵、荷花，秋天有红叶，冬天有梅林。此外还有一座温室，育有如仙人掌等4500种来自热带与寒带的植物，不过参观温室要另外购买门票。

　　植物园的出入口有好几个，建议搭乘地铁在北山站下车，走北

山通的侧门，这是最方便的交通方式，千万别试图搭乘公交车，把简单的事情复杂化。

参观信息

京都府立植物园

➡️ 乌丸线北山站3号口出，步行30秒。搭公交车要从公交车站牌起步行10~15分钟。

💴 门票：200日元，高中生150日元，初中生、小学生及70岁以上老人免费。与京都府立陶板美术馆通票250日元。

💴 温室门票：200日元，高中生150日元，初中生、小学生及70岁以上老人免费。

🕐 9:00—16:00，12月2日至1月4日休息。

限量现做，传递职人手感温度的暖心粟饼

北野天满宫前　　老铺粟饼所·泽屋

传承百年的手感温度：阿王饼

あわ餅

交通：搭乘公交车在北野天满宫前下车
预算：外带1200日元，堂食套餐1500~2200日元
顺游景点：北野天满宫

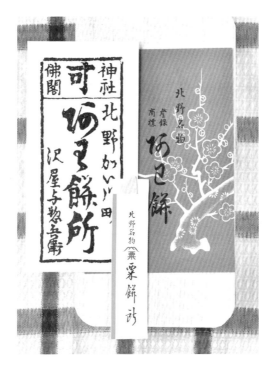

每次我带人来位于北野天满宫斜对面的粟饼所·泽屋就餐时，都会听到"怎么又是麻糬？"的疑惑，我总是笑着回答："你先吃吃看！"

麻糬在日语中写作"餅"，即汉字的"饼"字，一般的麻糬是用糯米做的，但自古盛产粟米的京都在农暇时，便将剩余食材粟米再利用。粟饼就是小米麻糬，在京都是相当常见的甜点。用"每走三步就有一家麻糬店"来形容关西人爱吃麻糬的程度，一点也不为过。

位于北野天满宫附近的这家粟饼店，原是开设在北野天满宫旁让参拜客歇脚的小摊子，想不到一卖卖了300多年，已经成为北野的特产，每个月还会定时供奉给北野天满宫。

在京都，没百年以上历史的店铺，绝对不敢自称为老店，而创立于江户时代天和二年（1682年）的泽屋，绝对有资格入列。老店卖的是传统、信誉与坚持，店内面积并不大，但不设分店，也不在百货公司或机场柜台

铺货，店内只卖粟麻糬。不论你是要在店内食用还是外带，从创立迄今始终坚持"客人下单才现做"的老规矩。他们不用机器，制作过程与细节完全呈现在客人眼前，隐约还能品尝到职人老师傅双手的温度。

勿忘初衷坚守质量，才是持久经营之道

虽然是在京都，但坦白说这种不用机器大量生产，坚持手工现做的店铺也越来越少，老板与师傅的年纪都相当大了，说不定哪天就收起店铺或改为机器量产的经营路线。若真到了那天，我定会带着伤感的心思，忆起泽屋这款粟麻糬的手工温度！

近年来，台湾陆续发生多起食品安全事件，许多所谓的老店都沉沦在"降低成本"的歧途里，遗忘了创始者所坚持的质量，以致百年信誉毁于一旦。反观泽屋的经营坚持：满脸皱纹的老师傅的笑容、蒸笼内拿捏之间的专注、安心品尝下的口齿留香……这才是吸引顾客一再光顾的不败秘诀。

个人也好，公司也罢，对的事情就得去坚持，无谓的扩张与改变，多半只是企业管理课本唬人的噱头，只要坚守核心价值，这世界往往是不吝给予掌声的。

跟着食客点招牌菜

阿王饼（あわ餅）Awa mochi
堂食750~900日元 外带1200日元

泽屋的粟麻糬也称阿王饼。阿王读作Awa，也是粟饼的"粟"的发音。阿王饼的吃法很简单，一种是洒上黄豆粉；另一种是裹着红豆馅，再搭配黄豆粉与绿茶食用，一扫传统麻糬黏牙又过甜的既有印象，黄豆粉的香味平衡了内馅的甜，一旁附上的绿茶又可一解粉的干涩。外带的保质期只有4小时，建议最好是到北野天满宫找张椅子，一边赏梅一边吃。

美食信息

粟饼所·泽屋

➡ 京都乘巴士在北野天满宫前下车，店家位于北野天满宫斜对面。

推 ★★★★★　　店内气氛★★★★　　交通便利★★★

🕐 09:00—17:00（卖完为止），每周四、每月26日休息。

注：每月25日是北野天满宫的天神市集，热闹非凡，如果在热门时段前往可能需要排队。

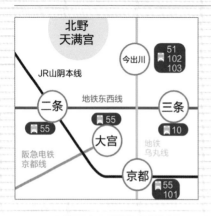

北野天满宫
参拜学问之神总社添大智慧

  粟饼所·泽屋的斜对面就是大名鼎鼎的"北野天满宫"，过条马路便可抵达入口。天满宫相当于日本的孔庙，供奉的是学术之神，也就是小说《阴阳师》中被安倍晴明镇压的怨灵菅原道真。位于京都上京区的北野天满宫兴建于天历元年（947年），是日本国内天满宫的总社。

  到北野天满宫参拜，第一是祈求学业顺利，据说摸一摸大门口的牛头，就可获得学问之神的智慧，这和纽约华尔街上那头代表气势的铁牛有异曲同工之妙；第二是看梅花，梅花盛开于冬末春初，北野天满宫的梅花称得上全日本第一；第三是观看殿前的汉字展览。

  游客来此多数是参拜，所以人潮大多集中在鸟居到社殿之间，社殿两旁与后面的北门则相对冷清。菅原道真在日本人心中除了代表学问之神以外，还具有农耕之神、正直之神、申冤之神、艺能之神、厄除之神与渡唐天神等多重身份，与其他只有在

考季前才涌进大量参拜人潮的北野天满宫不同，这里一年四季都可见到络绎不绝的香客。

　　灵验吗？出国在外的我始终把握三大原则：一切从简、随遇而安与入乡随俗。反正我是信了！

参观信息

北野天满宫

➡ 一、北野天满宫前站下车：

1. JR 京都站搭 50、101 路公交；
2. JR 地铁二条站搭 55 路公交；
3. 地铁今出川站搭 51、102、203 路公交；
4. 京阪本线三条站搭 10 路公交；
5. 阪急电铁大宫站搭 55 路公交；

二、乘京福电车白梅町站下车步行 5 分钟。

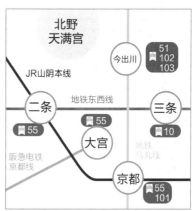

视觉与味觉共感四季流光的传奇冰品

在京町家吃琥珀流光

琥珀流し

| 交通：地铁乌丸御池站步行8分钟 |
| 预算：1730~1080日元 |
| 顺游景点：六角堂 |

位于京都六角通的栖园成立于明治十八年（1885年），刚开业时是长崎蛋糕专卖店，现在除了洋食外，也提供和果子，还可到店内的"甘味处"品尝甜点。

这家店最令我难以忘怀的，是一款名叫"琥珀流光"的甜品，晶莹剔透、凉意拂人，缤纷的视觉加上多变的口感，让我想起了以前最流行的甜点——八宝冰。

中国台湾早年的八宝冰和现在的模样相差甚远，以前使用的多半是色彩缤纷的材料，除了红豆、绿豆、芋头这些基本配料外，有些还有罐头凤梨、染了色素的爱玉、花生、软糖、葡萄干，再淋上甜度爆表的糖水。

八宝冰受欢迎的秘诀就在于它的鲜艳，很少有小孩能抗拒这种宛如色彩魔术师的冰品零食。小孩子的吃法是先把清冰吃完，然后一边欣赏把玩碗内五颜六色的各类材料，一边将一颗颗"八宝们"送进嘴里咀嚼。放学后痛痛快快地吃上一碗，能把学业的烦恼瞬间抛在脑后，欢欢喜喜地回家看动画片、等吃饭。

一碗琥珀流光，让人想起了故乡的童年时光。

栖园店家本身属于传统町家的建筑，住不起京都老市区内昂贵的町家建筑老旅馆（栖园对面就有一家"旅庵花月"），来栖园点碗琥珀流光，一边在店内的"甘味处"体验町家风情，一边回味儿时八宝冰的幸福滋味，也算是小资男女的一大幸事吧！

美食信息

町家和果子·栖园

➡ 地铁乌丸御池站步行8分钟。

推 ★★★★★　店内气氛★★★★★　交通便利★★★★★

🕐 10：00—17：00（卖完为止），周三休息。

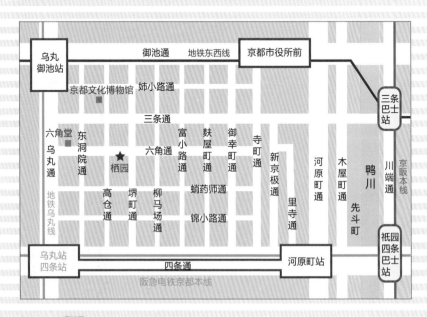

琥珀流光（琥珀流し）
Kohakunagashi
单点660日元，套餐1050日元

琥珀流光只要上桌，绝对是艳惊四座，凡点这道甜品的顾客，无不为它的美所倾倒，根本舍不得吃。琥珀流光的主要材料是有透明琥珀之称的寒天（以海藻为原料），而"流光"则是店家调制的各种天然果酱。随着季节流转，店内每月都会提供不同口味的琥珀流光，4月是樱花蜜（桜花蜜）、5月换抹茶红豆（抹茶小豆）、6月梅酒蜜、7月薄荷蜜、8月生姜麦芽糖蜜（冷やし飴）、9月葡萄蜜、10月栗子泥、11月柿子泥、12月丹波黑豆。以前1—3月是不售卖的，但自2014年起，店家提供新款的甜酒橘皮琥珀流光（甘酒橘皮琥珀流し）。

除了不同月份使用不同果酱外，琥珀流光上的小配料也会跟着一起变化，如4月樱花蜜琥珀流光会洒上食用樱瓣，9月葡萄蜜琥珀流光则搭配栗子，5、6月则会添加红豆，让我想每月都冲到京都逐一品尝。

花背（はなせ）
Hana se 173
日元

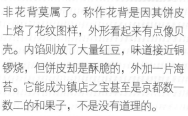

虽说琥珀流光让人惊艳，但若要提镇店之宝，那就非花背莫属了。称作花背是因其饼皮上烙了花纹图样，外形看起来有点像贝壳。内馅则放了大量红豆，味道接近铜锣烧，但饼皮却是酥脆的，外加一片海苔。它能成为镇店之宝甚至是京都数一数二的和果子，不是没有道理的。

千代锦羊羹（千代錦）
Chiyo nishiki 1080日元

另一款比较特殊的甜点是千代锦，其实就是羊羹，尤其是粟米羊羹（あわ羊羹）。经常品尝京都美食的人应该会发现，京都人很喜欢用粟米当材料，这是因为古时京都的稻米只能一年一熟，产量不足，只好将粟米（小米）当成部分主食，演变至今，京都人仍保有吃粟米的习惯。粟米羊羹外表金黄，口感比一般羊羹黏，反倒更接近蛋糕绵密的口感。

顺游景点

六角堂

京都的肚脐

　　六角堂只是俗称，因其外观是六角形而得名，然而顶法寺才是它真正的名称。它坐落在京都中京区六角通上。由于地处静谧巷弄之中，所以匆忙的旅客可能会忽略这座佛堂，殊不知它的历史背景相当不得了，且庙堂前还有颗传闻为京都中心的六角形脐石。

　　相传，六角堂是因587年某天，圣德太子受神明托梦指示，要他盖座六角形的佛堂以安置观音像才兴建的。这传闻当然无法证实，但谈起这位圣德太子，他对日本的贡献可谓影响千年。

　　日本能从部落社会蜕变成世界强国，主要经过两个阶段，一是唐化，二是西化。众所周知西化的关键人物是明治天皇，而日本之所以接受中国与佛教洗礼，贡献最多的就是圣德太子。

　　圣德太子出生前的日本基本上只能算是封建部落，国内两股势力年年争战不休，一方是保守的封建贵族（物部家族），另一方是从朝鲜来的新移民（苏我家族）。592年，苏我家族出生的推古天

皇当上了第33任天皇，并任命她的侄子圣德太子摄政。推古天皇乃日本第一位女天皇，比中国的武则天足足早了100年，更比英国首位女皇玛丽一世（1553—1558年在位）早了将近千年。日本历史上一共出现过8位女天皇，直到明治天皇时期才明文规定"皇位、皇统只能由男性皇嗣继承"，才直接地否决了女性的皇位继承权。

具有物部与苏我两个家族血统的圣德太子在辅佐推古天皇时期派遣大批使节到中国学习制度，推行按才能和功绩授予官位的新政，取代官位的世袭传统。圣德太子建立的专业官僚政治雏形直接提升了天皇的权威，同时他还引用中国儒家的理论来规范日本臣民的行为守则，并明确规定佛教为国教，将佛教作为施政教育的指南。圣德太子可谓开创日本历史上第一个文化繁荣期——飞鸟时代的最大功臣。

圣德太子在推古天皇三十年（622年）过世，他的妻子命宫女绣了一幅《天寿国绣帐》，其中一句"世间虚假，唯佛是真"现已成为佛界与哲学界的至理名言。

大快朵颐后逛逛六角堂，除了美食的滋味外，心中带着这句"世间虚假，唯佛是真"一起品味，不禁让我直呼：这就是京都！

参观信息

六角堂

→ 电车：地铁乌丸线乌丸御池站5号口出，步行约3分钟。
巴士：乌丸三条站步行约2分钟。

"哪家早餐店的早餐比较好吃？"

乌丸御池站　INODA COFFEE总店（イノダコーヒー总店）

早晨起来去INODA吃早餐：炸牛肉三明治

ビーフカツサンド

> **交通**: 地铁乌丸御池站5号出口, 步行约5分钟
> **预算**: 540~1770日元
> **顺游景点**: 石黑香铺

去日本旅游次数颇多，但毕竟不是长住，所以我从未想过这个问题，直到有人突然拿出这个难题问我。说来实在汗颜，自诩日本旅游美食通的我，竟然对日本的早餐毫无概念！

因此，为了探索日本人的早餐，我多次一大清早便赶到纯住宅区去考察，发现当地人多半在家用早餐，外食的话顶多是到地铁站出口或咖啡厅，或是选择24小时营业的拉面店或汉堡快餐店用餐，相较之下，中国台湾起码还拥有早餐店，不能不说是种"微小而确实的幸福"呢！

说到京都的早餐店，最负盛名的自然是INODA COFFEE（イノダコーヒー）了，在全日本甚至有近60家分店。一般情况下，连锁店根本激不起我的食欲，更不可能会想一探究竟，但读了日本文豪池波正太郎的笔集《昔日美味》中的一段话："如果不到寺町通（其实是在堺町通）附近的INODA COFFEE喝一杯咖啡，我的一天便无法开始。"我开始对这家店产生了兴趣。

来到INODA COFFEE自然要来杯咖啡。由于咖啡刚引进日本时非常贵，每个人自然不舍得很快喝完，等到过段时间要加糖奶时，已经不好调和了。再者因为当年喝过的人不多，不知道该加多少。为了让来客了解咖啡的最佳状态，INODA COFFEE咖啡在100多年前就将糖和奶精加进刚煮好的咖啡中了！

对了！想请大家特别注意，我所推荐的只有位于京都堺町通的INODA COFFEE总店。

餐厅内有吸烟区与禁烟区，店员不会特意提醒，不抽烟的人得先提出请求。若碰到假日与旺季（10—12月）一位难求的时段，想坐在禁烟区恐怕都得多花点时间等候。一楼有几张户外的桌子，有需求者可一进门便向服务生提出要求。INODA COFFEE的装潢格调走老派英式路线（创立于1940年），有点像台北的明星咖啡厅呢！

跟着食客点招牌菜

分量足（有3大片）外，一大早就能品尝日本国产牛肉，让人不由自主地萌生幸福感。

法国吐司（フレンチトースト）
French Toast 540日元

法国吐司也是我特别推荐的，用蛋汁煎过的吐司铺上一层厚厚的糖粉，这款地道的纯法式吐司料理在寻常面包店或旅馆早餐吧里可是吃不到的。

阿拉伯珍珠咖啡（アラビアの真珠）
Arabian Pearl 515日元

店内最有名的是阿拉伯珍珠咖啡。顾名思义，使用的是产于阿拉伯的咖啡豆，可别误以为咖啡内加了台湾的粉圆。比较特别的是，上桌前店家会先帮客人加上鲜奶（想喝黑咖啡的人，可在点餐时特别要求不加鲜奶），并附上1块方糖，属于19世纪的老派咖啡喝法。

炸牛肉三明治（ビーフカツサンド）
Bifukatsu Sandwich 1770日元

我个人最爱炸牛肉三明治，除了

汉堡肉三明治
（ハンバーグサンド）
Hamburger Sandwich 900日元

食量超大者可以尝尝这款汉堡肉三明治。分量是寻常三明治的4倍，香浓的起司与多汁的汉堡肉相当合适。

美食信息
INODA COFFEE（总店）

➡ 京都地铁乌丸线东西线，乌丸御池站5号出口，在三条通左转，走到堺町通右转，步行约5分钟。

推 ★★★★ 店内气氛★★★★
交通便利★★★★★

🕐 7:00—20:00，全年无休。

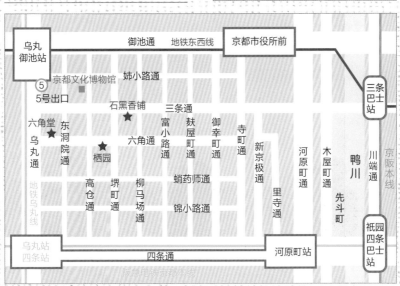

石黑香铺
日本唯一，百年不变的京都馨香

20年前，我第一次来到京都，跟着大家买了电饭锅、索尼DV；10年前，我到日本非得去药妆店败上几万日元，买一大堆成药或吸油面纸才舍得离去；然而现在，或许是旅游次数多了，除非是相当精致的纯日本风格小物件，否则根本吸引不了我的目光。

日本唯一的香袋（にほひ袋）专卖店——京都石黑香铺正是少数能引起我购买欲的店家之一。这家店是创立于安政二年（1855年）的老字号，它的香袋以花草、动物和十二生肖为主题，采用京都产的西阵织、京友禅等高级材质缝制而成。日本的香袋是随着佛教一起从中国东传而来的，传统用法是放入衣箱作为防虫剂，到了8世纪平安时代，贵妇们开始流行在和服袖内绑个香袋，利用各种香料将衣服熏香。

《源氏物语》第32章《梅枝》记载着："源氏命配制香剂以备熏衣之用。"源氏的堂妹槿姬也写道："梅花残香虽已散，佳人袖里渗芬芳。"槿姬是调制香剂的高手，据传袖里常常藏着香袋。

石黑香铺的香袋所使用的香料相当多元，有丁香、桂皮、生姜、八角、沉香、白檀香、麝香、并香、诃梨勒（产自印度喜马拉雅山的辛香料）等，客人可以根据喜好，自行在店内将辛香料调配到针织袋中，懒得动手的我通常都是挑柜内现成的香袋。

由于其香气来自天然辛香料，比起化学香精或现代芳香剂，石黑香铺的香袋闻起来不刺鼻也不易造成过敏。香气持续的时间也相当久，以我的经验，一个最小号的香袋放在车上至少可留香3个月，置于4平方米大小的房间则可持续2个月以上。闲来握在手中把玩，除了熏香外还可以欣赏香袋的西阵织或京友禅，可谓"满室京都味"呢。

参观信息

石黑香铺

➡ 乌丸御池站5号口出，遇三条通左转，步行约6分钟。

🕐 10:00—19:00，周三休息。

京都之郊

脱离凡尘俗世，后花园的悠然情致

在日本茅草屋之里，享受与世无争

美山　**食事处きたむら（北村）**

在童话之境吃美食：
鲭鱼荞麦汤面

鯖そば

> 交通：开车前往
> 预算：600~950日元
> 顺游景点：美山

在遗世独立的美山中，多数居民仍过着农耕生活，由于近年来观光客涌入，住在茅草屋聚落茅草屋之里（かやぶきの里）的居民也纷纷开了民宿、手工艺品店、小咖啡厅和小餐厅。这里的餐厅或咖啡厅走个性路线，碰到游客不多、天气不佳、老板没空等状况，店主说休息就休息，容易扑空。像这一类的餐厅我不敢推荐，自由行的旅行者每天都要吃，定期开张非常重要。

位于茅草屋之里停车场旁的"きたむら"（读作 kita mura，汉字直译是北村）是美山町地区少数定期定时供应餐饮的餐厅之一。餐点也使用了当地食材，能充分享受美山的土生土长的食物。

在旅行中感受与世无争的宁静，无价！

这里是很典型的日本乡村传统面食店，窗明几净，家庭式经营，和

东京、大阪的面食名店相比，没有太多花哨的装饰，宛如素颜少女的质朴，更多了份亲切感。挑个淡季或避开吃饭人潮，靠窗远眺茅草屋聚落，美山壮阔、幽静、与世无争的景色，无疑是荞麦面的最佳佐料。

旁边有个每日手擀荞麦面的玻璃房，可以感受到店家现场制作的诚意

从窗外可一览日本三大茅草屋故乡之一美山的迷人景色

美食信息
食事処きたむら

➡️ 开车（请见下一篇的日本租车自
驾注意事项）。

🈴 ★★★★　店内气氛★★★★★
交通便利★

🕐 排队时间：景色好的旺季需要
排队。

🕐 10:00—17:00（旺季时会视情况
延长），周三休息

跟着食客点招牌菜

土产店购买由美山牛奶制作的冰淇淋等各种乳制品。

丹波黑豆（丹波黑豆）
Tanba kuromame 200日元

美山属于日本丹波地区，由于雨水丰富，昼夜温差较大，秋季至初冬期间经常有雾，早晚的雾被称为"丹波雾"，加上土壤肥沃，非常适合各种豆类的栽种。关西地区最高级的宇治金时冰品与红豆甜点店家所选用的红豆几乎都来自丹波地区。

鲭鱼荞麦汤面（鲭そば）
Sabasoba 970日元

荞麦粉来自附近的户隐，水是美山的纯净好水，餐厅里还有店家实打现做的擀面区。我推荐这里的鲭鱼荞麦汤面，鲭鱼来自距离美山只有20千米的小浜海港，以不到1000日元的价格便可一尝在别处吃不到的鲭鱼！

美山牛奶（美山牛乳）
Miyama gyunyu
200日元

美山牛奶的香浓味美不在话下，新鲜更是市售鲜奶无法比拟的，有兴趣的人还可以到隔壁的

饭后别忘了来个特制的茅草屋冰淇淋

美山

想在此终老一生的日本最后秘境

美山为什么可以保持得这么美？只要走一趟，答案便呼之欲出——交通不便。

因为交通不便，所以没有商业开发，没有大批观光客，因此意外地保留着几百年来日本农村的传统风貌——茅草屋聚落。日本有三大茅草屋聚落，分别是合掌村、东北的大内宿与美山町。合掌村知名度最高，但人潮与商业气息也最浓厚；大内宿位于福岛，现在也不太适合前往。三大茅草屋聚落让我最难忘的，莫过于位于京都府北缘的美山町，这里也被日本人称为"日本人心灵的故乡"。

越是梦幻的事物，越会有实际到达的难度。

离京都不远，却又遗世而独立

前往美山的大众运输交通方式，我只能用"全日本最复杂、最麻烦的转车系统"来形容，从京都车站到美山町必须搭乘多趟

电车、多趟公交车。简单来说，京都到美山的交通方式，每天从早到晚一共有7班，但每班的换车点与转车方式都不一样。

同样7：00从京都车站搭JR，平日与假日的时刻表与转车地点、转车次数都不相同。这还不是最麻烦的，前往美山的交通转车方式，淡季与旺季（赏枫季节）又不一样，到了冬天，公交车还会减少班次。

当你克服万难，读懂这套宛如微积分般的转车系统后，挑战才刚开始！正如前面我提到的，京都到美山少则有3个转车点，多则有4个转车点，但转车的时间最短不到1分钟，最长会到20分钟以上，一不小心就会错过转车时刻。而一旦错过，可不是等下一班车就行，因为1小时后发车的公交车并不是从该车站出发的。

更离谱的是，就算你顺利搭上最后一次转车，车程目的地还不一定会停，因为时刻表上标示着"下车可能"，也就是司机会看实际状况决定停车与否。

也许你是个日本通，也许你是个自助旅行的玩家，也许你精通

京都人情味小吃

日文，上述这些对你来说都不是问题，但还有另外一个实际问题等着你，那就是从京都车站一路辗转到美山，必须花2小时以上（前提是精准抓住转

车地点及时刻）。而从京都车站出发的时间非常不友善，早上只有7:00、8:00、10:00这3种选择，回程班次也少，能够好好欣赏美山之美的时间不多。

就算你完全克服了转车及其他种种困难，这多趟电车与多趟公交车的来回总费用将近3000日元。秉持着"把复杂的事情简单化"的原则，强烈建议开车去美山！

三大茅草屋之里，绝对值得你开车前往！

两人租一部小排量的车，12小时租车费用加上油钱，一共不到8000日元，差不多等同于两个人搭车的费用，而且从京都车站开到美山，开车时间才50分钟，回来的时候也不必忍受全日本最复杂的转车系统。

如果不想开车，我诚恳地建议读者断念。或许你想等到大众交通系统更方便的时候再去，可是，如果交通便利，小小的美山会挤满观光客。美山还是美山吗？

我认为，美山的交通系统短期内不会改善。以另一个古老茅草聚落大内宿为例，到达大内宿，至今仍然没有大众交通工具可搭乘，更何况比大内宿晚50年出名的美山呢！

日本租车自驾几个注意事项

1.右驾左行：和国内相反，但千万别将之视为畏途，勇敢踏出第一步便会发觉其实没有多么困难。

2.申请驾照的日文翻译本：在日本驾车需准备护照、驾照正本、驾照的日文翻译本，租车的时候得出示驾照。

3.租车请选择大品牌：最好事先在日本租车网站预订。

4.查好目的地的电话：日本汽车的GPS（全球定位系统）采用输入电话号码的方式，所以必须事先查询想要去的地点的电话号码，譬如想去美山，可以输入美山町北村面馆的电话：0771-770660，GPS自然就会引导车辆到美山"かやぶきの里"入口的停车场。

租车的流程大致和国内相同，会和你确认车内外的状况，注意车上有无ETC和导航，有些公司的导航可选择中文

听不懂日文GPS读音怎么办？GPS导引地图非常人性化，最多只要听懂两个词：左转Hi-Da-Li，右转Mi-Gi。

当然别忘了问租车公司的电话，因为最后要还车。

5.高速公路行车要点：日本的收费系统在上下网关，所以上下网关时请走一般车道，进网关时抽取一张通行券，下网关前请把通行券交给收费员。如果碰到自动网关，其操作方法是将通行券插入卡片阅读机器，机器银幕会显示缴费金额，操作方法和自动贩卖机基本一致（不管人工还是机器收费都可找零）。

不过，从京都往返美山无须经过任何高速公路，GPS也不会指引你上高速公路。

6.日本的加油须知：归还车之前必须将油箱加满，所以必须在回程路上找加油站加油，如果你不会讲日语，只要依照顺序讲3个英文单词：regular（一般汽油）、full（满了）、cash（现金）。

7.万一在路上抛锚或发生事故：最好在租车公司花点小钱买点保险，出发前先向租车公司服务人员索取紧急联络电话，大品牌如Toyota，还有中英文的电话客服人员。

如果发生事故或擦撞，请发挥优良的国民精神，留在原地，不要慌张，租车公司的中英文电话客服人员可以帮你联络保险公司、修车人员或是警察。

日本的路尤其是京都往美山的道路比较狭窄，但车辆行人也相对稀少。一开始在京都市区内可能会有些慌张，但根据我的经验，心平气和慢慢开，不到20分钟便能适应。

如果你仍旧对驾车前往美山举棋不定，让我最后再分享一下自己的经验驾车前往美山，顺利的话，9:00后即可抵达，而一般搭乘巴士或游览车的观光客抵达美山的时间起码接近中午。除非假日，一整个早上除了美山的当地居民以外，可以独自享受整片美山美景，宛如一个人走进时光隧道，来到属于一个人的古朴乡村时空。

看到这里，请开始计划一趟属于自己的美山之旅，看你会不会跟我一样——想在此处终老。

关西最引人注目的拉面店！

京都的拉面王者：鸡白汤拉面

鶏だく

交通：在出町柳站搭睿山电车在一乘寺下车，步行5分钟即可抵达

预算：700日元

顺游景点：惠文社

近年来，"关东拉面，关西乌冬"的固守已然改变。但是两边并非完全接受对方的口味，而是加以改变，东京人吃乌冬面喜欢用"蘸"的，关西人吃拉面则倾向于"干拌"吃法，口味颇有日益浓厚的趋势。

且看关西当地人最爱吃的几家面店，便可见真章，如面屋·极鸡、紫藏、彩彩、无铁炮等，口味都属于浓厚系，甚至有些店家的汤头浓到难以完食（如无铁炮）。

位于京都当地人公认的一级拉面战区一乘寺附近的面屋·极鸡开业只有4年多（2012年开业），却能在名店云集的京都被誉为京都第一名面食，单是这样的头衔和奇迹，就值得饕客前往一探究竟。

味道厚实的冻状浓汤

这家店的面条一般，汤头却是特色。平心而论，它的汤头不该被称

为汤头，因为已经是"拌酱"了。汤汁比台式干面多，但吃完之后并不会剩下汤汁，吃法和中国台湾的麻酱面比较接近。

共有4种面，面条与超浓厚鸡白汤汁都一样，面条上面会放大量的细葱丝，不同处在于调味，4种面分别是：原味鸡汤面、辣味鸡汤面、蒜味鸡汤面与鱼介味鸡汤面。

汤头味虽然浓厚，但绝对不会太油腻，熬到黏糊状的鸡高汤酱搭配面条，只能用香而不咸来形容。我建议多花200日元加点一份叉烧肉，大片的叉烧肉口感意外清爽，不会再增加已经偏浓厚系汤头带来的味蕾负担。

品尝面屋·极鸡这家"朝圣"名店当然得排队，而且至少得排1小

小巧的诗仙堂，却是赏枫一级圣地

时以上，绝大多数老饕读者大概想要打退堂鼓……且慢！面屋·极鸡有极为体贴的服务，可以减少排队之苦，当饕客抵达门口时，服务人员会给客人一张手写的牌子，上面注明几点几分回来，拿到这张牌子就可以先行离开，直到约定的时间再返回，省下时间去附近逛逛文艺青年指数爆表的惠文社书店（来回步行约10分钟），当然如果时间够多，建议可以去诗仙堂走走（来回步行时间40分钟）。

在外国观光客还没有蜂拥染指之前，面屋·极鸡有股让我"赶快造访京都"的拉面魔力。

跟着食客点招牌菜

原味鸡汤面（鶏だく）

Toridaku 700日元

原味浓厚鸡白汤底

辣味鸡汤面（赤だく）

Akadaku 700日元

原味浓厚鸡白汤底＋辣椒系的调味粉

蒜味鸡汤面（黑だく）

Kurodaku 700日元

原味浓厚鸡白汤底＋黑蒜头酱

鱼介味鸡汤面（魚だく）

Uodaku 700日元

原味浓厚鸡白汤底＋鱼介粉

美食信息

面屋·极鸡

➡ 在出町柳站搭睿山电车在一乘寺下车，步行5分钟即可抵达。或在乌丸四条路口搭乘市公交车31（四条乌丸から）系统在一乘寺北大丸町站下车。

推 ★★★★★　店内气氛★★★　交通便利★★★

🕐 排队时间：至少需要40~60分钟，建议避开用餐高峰时间，并记得先向店员索取号码牌。

🕐 营业时间：11:00—21:00，周一休息。

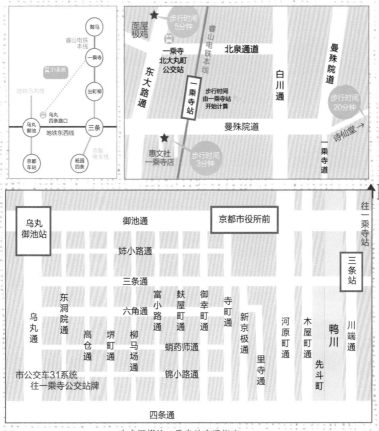

在市区搭往一乘寺的交通指南

惠文社

世界百大最美书店之一

　　被列为全球最美丽书店之一的惠文社是一间让身为重度书虫的我流连忘返的书店，更何况还有个"品尝京都第一面食——面屋·极鸡"的大好借口，到底是逛惠文社顺便吃极鸡拉面，还是趁排队吃面的空档顺便逛书店？管他呢，谁说食客不能当书虫，文艺青年不能是老饕呢？

　　书店位于左京区的一乘寺车站附近，这一带属于纯住宅区，距离京都市区有段距离，虽然附近有诗仙堂、曼殊院与修学院离宫等景点，但由于并非旅游指南上的热门景点，游客数量相当少，很值得花上一个下午甚至一整天仔细走访。

　　惠文社不走寻常书店陈列新书或畅销书的做法，店内每本书籍都是经过店员精挑细选的，还有生活杂货、CD、服饰与各种小物，柜架的摆设颇具巧思，店内用钨丝灯泡照明，虽然略显昏暗，却意外营造出一股老书店的阅读气氛。没有宽敞明亮的空间，没有大型连锁店的浓厚卖场气氛，反而让真正爱书的人安心地置身其间，不懂日文的旅客可以挑选一些精致小物，如书衣、明信片、手提布袋、记事本等等。

参观信息

惠文社

➡️ 从祇园四条站搭京阪电车在出町柳站转睿山电铁，在一乘寺站下车步行3分钟。或在乌丸四条路口搭乘市公交车31（四条乌丸从）系统在一乘寺北大丸町站下车。也可以从一乘寺站步行到诗仙堂，约20分钟（此方向为上坡，脚力差一点的人可在车站搭出租车前往诗仙堂，回程为下坡路，步行约15分钟）。

🕐 10：00—22：00，1月1日休息。

注意事项：店内拍照请先征求店家同意。

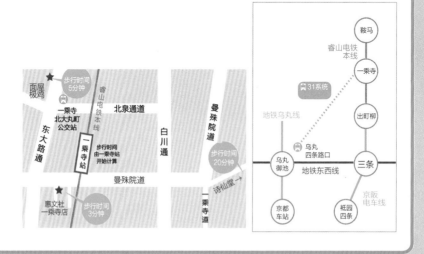

日本其他地方很难品尝到的近江牛

顶级肉品专卖店的超值午餐

特选近江牛菲力牛排（特選近江牛フィレステーキ）

交通： 从近江八幡站步行出站后，直走约2分钟即可抵达

预算： 1300日元起（午餐时间）

顺游景点： 近江八幡

书写了七八十家日本的"人情味小吃"餐厅，我不得不为了近江牛破例一次，毕竟以近江牛的身价与等级，恐怕不能用便宜、味美来形容，但我是真诚地推荐这道世界顶级美食给读者认识。我一共4次前往近江八幡，除了第1次是为了它的美景以外，后来几次造访都是为了一尝让我魂牵梦萦的顶级近江牛。

过了这个村，就没这个店

如果8年前的那天行程有所耽搁的话，如果8年前的那天没有经过门口的话，我就不会踏进这家店。如果8年前没有让我偶然遇见这惊为天人的牛排，或许我会更知足，或许我依旧能够对其他牛排甘之如饴，也不会有"曾经沧海难为水"的失落感。

近江牛餐厅Tiffany的一楼售卖牛肉，二楼卖西式牛排，三楼卖和式的涮涮锅，由于近江牛的油花比较多，所以我比较推荐西式牛排吃法。

怎样吃才不浪费大理石般的油花？

近江牛的油花分布均匀，别小看这个特点，油花的平均分布，会使每口牛肉都有一致的细腻口感，细致的程度可以用"吃果冻"的方式来形容。果冻的最佳吃法是吸吮，入口即化的近江牛吸吮即可，无须咀嚼太多，品尝的过程中会让人发出"美好的时光总是如此短暂"的感叹。

料理的单价很高，所以我强烈建议平日中午去品尝。该餐厅平日中午除了提供比较平价的近江牛料理外，相同料理也比晚上便宜30%~50%。

人的心中无时无刻不充斥着预算与欲望、现实与理想之间的拉扯，投资、爱情与人生都是，没有人能帮你抉择，而这些抉择往往没有对错是非，以我而言，如果选择的机会只有一次但却有许多选项的话，我会告诉自己："别做出让自己在未来会叹息或懊悔的决定！"

火烤近江牛臀肉盖饭（近江牛ランプ肉のローストビーフ丼）

Oumi ushi ranpu niku no rosutobefudonburi 2160日元

虽然以单纯的盖饭来说，价格稍微贵了一点，但菜单上标明了"近江牛"，就表示所用的牛肉属于正宗的近江牛。因为选用的牛肉是相对平价的部位，所以售价比较亲民，但同样可以享受到油花满布、鲜嫩欲滴的口感。〔午餐限定〕〔一日10份〕

寿喜烧锅套餐（すきやき鍋セット）

Suki yaki nabesetto 1296日元

在这种以牛肉为主的店里，以日本人爱面子的个性，老板是不可能让走进门的客人感到失望的，不管多便宜的餐点，指定牛肉料理就对了！即使是针对

上班族与商务客户出售的商业午餐，其牛肉并非近江牛，但至少也是排得上等级的日本国产牛。〔午餐限定〕

迷你牛排午餐（ミニッツステーキ）

Minittsusuteki 1296日元

选用的是牛小排部位，没有标明近江牛。理所当然的，售价比近江牛牛排便宜许多。当然，

凡事都是比较而来的。如果你之前没有吃过和牛牛排，这已经足够叫人惊艳了。〔午餐限定〕

特选近江牛菲力牛排（特選近江牛フィレステーキ）

Tokusen oumi ushi firesuteki 5000日元起（称重）

这是我个人最推荐的心头好！一头体重八九百千克的牛，只有4千克

顶级的里脊肉（菲力）。其中完全没有难嚼的筋肉，只需三四分熟即可尝出柔软鲜嫩的口感；当然好口感是要付出代价的，但即使价格高些也相当值得！

近江牛牛排午餐
（近江牛ステーキランチ）
Oumi ushi suteki ranchi 4104日元

标明近江牛，价格就比普通和牛牛排贵5成之多！但是一分价钱一分货！其肉质、口感和细腻度远远优于其他日本国产牛牛排。选用的一样是牛小排的部位，是牛排饕客入门的好选择！

关于和牛的豆知识

你知道顶级的牛，是怎么养出来的吗？

日本的三大和牛，依次是近江牛、米泽牛与松阪牛。近江牛的商标必须经由官方认证，除了产地必须在滋贺县，连喂食的方式与程序都得符合标准，近江牛饮用琵琶湖的湖水，除了当地大麦与米糠当饲料外，还会喂食糯米酒，产量相当稀少，一年生产数量只有5000头（澳洲每年屠宰的牛有5000万头）。别说出口，连日本其他地方都很难一尝其滋味。还不快安排走一趟近江八幡！

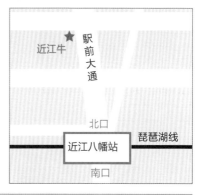

美食信息

近江牛餐厅Tiffany

➡ 在京都车站搭乘JR琵琶湖线，在近江八幡站下车（车程约40分钟），从近江八幡站北口出站，直走约2分钟即可抵达。

推 ★★★★★　店内气氛★★★★★　交通便利★★★★★

🕐 排队时间：午餐时间得排队，时间5~20分钟。

🕐 11:30—15:00（午餐优惠时段），
　　17:00—20:30；周二休息。

喜欢"最中"的人，务必来这里一尝！

最佳伴手礼：最中

もなか

交通：近江八幡站北口直走5~8分钟
预算："たねや最中"单个173日元
顺游景点：近江八幡

最中（もなか）是款只有内馅和饼皮的素简甜点，外皮有点像冰淇淋的饼皮，但两者可说是截然不同，最中的外皮是用糯米烘烤而成，越好的最中，其表皮越是松脆轻薄，和冰淇淋的酥脆饼皮完全不一样。最中的内馅简单却滋味浓厚，大多数为红豆，有些店家会在夏末秋初时推出栗子内馅。

克服了保存天数的限制

我既然曾推荐全日本最美味的最中专卖店一元屋（详见我另一本作品《东京B级美食》），为何还要花篇幅来分享たねや最中呢？

たねや最中除了好吃以外，还克服了最中的先天限制——保存期限，传统的最中是将内馅包在饼皮内，虽然饼皮保存期较长，但其包装无法阻隔空气，会使内馅很快变质。最中的保存期限很少超过2天，这也成为将它带回国当成礼物的最大阻碍。然而，たねや最中运用巧思与技术克服了保存期限过短的阻碍，它将饼皮与内馅分开包装，内馅采用真空包装，延长了保存期限（可达3周）；有了较长的保存期限，便可

到たねや的日牟礼茶屋不仅可以坐在开放式的休息区，边喝茶边吃甜点兼远眺风景，也可以在一般的饮食区吃些咸点

以轻松地带回国馈赠亲友。

灌注了职人精神的和果子

出国一趟选购礼物不是件轻松的事情，许多人都曾造访过日本，万一你所馈赠的亲友是日本通的话，随便在机场或百货公司挑礼品赠送，这样的举动其实没有多大送礼的效果。若要兼具特殊罕见、有和风色彩与传统美味等特点，确实有些难度。往往挑了半天，回国后赫然在自家巷口的商店发现了同样的伴手礼（如香蕉恋人、雷神三兄弟等系列），送礼送得都很不好意思啊！

不如送个目前还不那么为人所知的日式和果子吧！たねや在近江八幡一共有2家分店，分别是在车站附近的旗舰店——近江八幡店以及八幡堀旁的たねや日牟礼茶屋。前者专卖伴手礼，后者则提供现场品尝服务，让人可以更深入地品尝这些灌注了职人精神的甜点。

美食信息

日式伴手礼·たねや近江八幡店

➡ たねや近江八幡店从近江八幡北口直走5~8分钟；"たねや日牟礼茶屋"，在近江八幡名胜八幡堀入口处。

推 ★★★★　店内气氛★★★★★
交通便利★★★★★

🕐 排队时间:たねや日牟礼茶屋用餐时间得排队，5~10分钟。

🕐 9:00—17:00，1月1日休息。

栗小路（栗子みち）
Kuriko michi 单个259日元

第2款推荐的甜点是"栗子みち"，名称相当雅致，我试着将其翻译成"栗小路"，顾名思义是用栗子制作的和果子，口感与风味相当有层次感，味道偏甜，外包装相当精致讨喜且具有古朴的东洋风，很适合作伴手礼。

招牌最中（たねや最中）
Taneya monaka 单个173日元

因为采用分开包装的形式，顾客分别拆开包装后需自行将内馅灌注到饼皮里面，所以在吃法上有一种"DIY"的乐趣。由于这款最中实在太特殊，所以店家干脆用自家招牌"たねや最中"来命名。

长寿芋（長寿芋）
Chouju imo 单个410日元

第3款推荐的甜点"长寿芋"，口味虽称不上极品，但这绝对是款绝妙的伴手礼，别的不说，单单长寿两字便足以讨年长亲友的欢心，而且它的包装外盒是个小竹篮，漂亮的包装绝对会让收到礼物的人惊喜。

近江八幡

位于琵琶湖区的宁静古镇，充满水乡风情

顺游景点

　　去京都旅游，完全不用找理由，唯一要担心的就是人潮。有些地方如清水寺、祇园、二年坂、金阁寺、哲学之道、知恩院、二条城，在旺季时应该要懂得避开人潮。特别是秋季出游时期，一不小心就会被卷入汹涌的人潮，我宁可选择一条人烟较稀少的路继续前进。

　　近江八幡这个琵琶湖东岸的小古城，除了近江牛以外还处处透着寻宝惊喜。

　　近江八幡在距离京都大约20千米的北方角落，在人潮熙攘的京都车站搭上电车，繁华和喧嚣开始被一站一站遗落。穿过几座长长的隧道，车厢外的风景已悄悄改变，恬淡的乡间，开阔的田野，一座座淳朴干净的日式村落随着电车的前行被甩在后面，一片片沼泽水草渐渐连成一气。从京都市区到近江八幡，甚至比

到岚山、嵯峨野还近，优美的琵琶湖区一向被日本人视为京都的宫廷后院。

值得玩味的历史遗迹，丰臣家的恩怨尽付笑谈中

　　近江八幡是个保存相当完整的宁静古城（八幡新町通与八幡堀），游客非常少，让我惊喜的是近江八幡的冷僻角落竟然藏着古意盎然的水乡气氛。低调小巧的小城有其历史上的悲剧，近江八幡原是丰臣秀吉的侄子丰臣秀次所建造的居城，丰臣秀吉早年因无子嗣，便立秀次做继承人，谁知后来丰臣秀吉却老来得子，因此秀次被冠以莫须有的罪名，最后只有走上切腹自杀一途，秀次终其一生都只能算是丰臣秀吉的掌中之物，低调的宿命或许是其自来就有的。

　　近江八幡游憩的精华在八幡堀，可以在秋季植被丰富的季节沿着小运河散步，也可以在冬天淡季的冷清中，遥望被染白的水岸别样的冰清玉洁……这些都造就了八幡四季不同的美：秋天的美在枫树、银杏与垂杨交杂着五颜六色映在水面上的倒影中，冬天的美则在雪花斑驳里石板所刻画的低调历史中，夏季的美就安静地摆渡在现代与过去的模糊界线中，春季的美在新柳与樱花掩映下古屋建筑的娇羞中。而味觉的美尽在那近江牛肉的难忘口感中。

四季美景，都在近江八幡

参观信息

近江八幡

➡ 在京都车站搭JR琵琶湖线下行方向列车，38分钟就可以到近江八幡站。车站北口转搭近江铁道巴士5号公交车（往长命寺方向），在新町下车，公交车每小时有4~5班。八幡堀是近江八幡最值得一游的地方，车程七八分钟。从八幡堀回车站，建议搭乘出租车，车费不到1000日元。

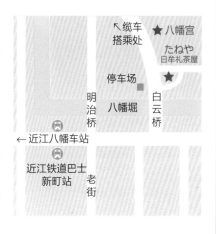

你吃进嘴里的，口口都是历史

非得收录的京都名所

鳗鱼饭（うなぎ丼）

交通：JR奈良线稲荷站; 京阪本线伏见稻荷站步行2分钟
预算：鳗鱼饭每份1800日元左右
顺游景点：伏见稻荷大社

这家位于京都市郊的伏见稻荷大社，在其参道出口处有一家以鳗鱼饭与稻荷寿司而闻名的老店"祢ざめ家"，它在旅客圈中的知名度相当高。本来基于不采访超高知名度的名店的原则而打算放弃，但是一来其他名店无法与祢ざめ家相抗衡，二来鳗鱼饭与稻荷寿司又是日本料理中最具有代表性的食物，如果漏了恐怕会让读者的京都之旅失色不少。

相传伏见稻荷大社的守护者是狐狸，狐狸喜欢吃豆皮，所以附近居民用豆皮寿司来祭拜稻荷神。稻荷的意思是丰收，于是有吃稻荷寿司会招来好运的说法。稻荷名产豆皮干脆以狐狸（きつね）来命名，与传统豆皮不一样，该店家的きつね豆皮内用胡麻调味，尝起来味道特别香浓，且豆皮湿润不干涩，其豆皮寿司的醋饭遵循古法加入少许紫米，让米饭的口感更具层次。

豆皮 VS 稻荷寿司不再分不清楚

同样是豆皮寿司，日本关西人称之为稻荷寿司。关东、关西的豆皮寿司不尽相同，关东风味的豆皮寿司是将醋饭完整地包裹在豆皮里，从寿司外表绝对看不到里面的醋饭。

反观关西风味，豆皮寿司呈三角形，寿司的底部不用豆皮包裹，让人清楚地看到醋饭。会有这样的差距在于从前的关西人认为只有在丧礼

时才会吃豆皮完全包裹的寿司，然而传到关东后却没有这种禁忌。另一种说法是关西人认为寿司底部的豆皮反正压在下面看不到，比较节俭的关西人就把寿司底部的豆皮材料省了下来。

另外提醒大家，品尝寿司尽量用手拿，如一定要拿筷子的话，请别将筷子插进寿司的醋饭内，因为只有参加丧礼才会如此。

用时间换来的美味

祢ざめ家除了稻荷寿司以外，更出名的是鳗鱼饭。在日本经过鳗鱼饭餐厅的门口，总会看到师傅拿着扇子拼命地扇烤鳗鱼，因为鳗鱼的油脂很厚，且炉温高达200℃以上，融化的油脂如不予理会，遇热后会产生烟，影响鳗鱼的风味，为了不让火烟把鳗鱼烤得焦黑，师傅才会拿着扇子拼命扇。

我并不是很爱吃鳗鱼饭，但这里的鳗鱼饭还真是让我挑不出任何毛病。我不爱吃鳗鱼饭的原因是在心理上对吃鳗鱼有不安。五六岁时我在基隆和平岛住了几年，冬天晚上八九点天色完全暗黑后，渔夫会到海边或河流的出海口，头上绑着矿工用的头灯来吸引鳗苗，手拿簸箕朝河床或海床捞捕鳗苗。

我记得40年前一尾鳗苗可以卖5毛钱，运气好的话一晚上可以赚两三百块（那时公务员起薪才1000块）。偶尔会发生邻居或同学的家人

在捞鳗苗时不小心被海浪卷走的惨剧，所以父亲晚上出门捕鳗苗，对童年的我来说是个不愉快的记忆。

由鳗鱼身上获得的启示

鳗鱼并非人类可以驯服的生物，至今人类的科技依旧无法以人工的方法大量繁殖鳗鱼，只能捕捉小鳗苗来养殖。鳗鱼在神秘的北太平洋西部马里亚纳海沟产卵，孵化后的鳗苗经由太平洋的黑潮，一路游到中国台湾海岸边的河流出海口，再被当地的渔夫捞捕并卖给养殖商人。

但人类对鳗鱼的需求随着全球富裕化进程而增加，以致造成过度捕捞，加之河流的污染日益严重，每年捕获的鳗苗越来越少，所以鳗鱼饭的售价也越来越高不可攀。在日本的餐厅，一份高档鳗鱼饭动辄五六千甚至上万日元。日益稀少的鳗苗也导致日本卖鳗鱼料理的餐厅锐减了30%。

反观通过人工繁育而大量养殖的石斑鱼，虽然近年也因为需求增加而涨价，但身价却和鳗鱼相差9倍。

上班族也可以被比作难以被驯化的鳗鱼，以及可以大量繁殖生产的石斑鱼。同样都面临大量需求，只是后者的需求可以经由降低成本和标准化生产来降低薪资，需求再高，薪资依旧容易被压制。如果具有很难被资本家迅速且大量复制的专业能力，自然身价就会像鳗鱼一般水涨船高。这是我吃鳗鱼饭时，脑海里总是浮现的一些想法。

跟着食客点招牌菜

鳗鱼饭（うなぎ丼）

Unagi donburi 1800日元左右

这种美味就不必再说了，很多人都吃过鳗鱼饭，但跟别处比起来，这里的等级有相当大的差别，即使不是美食家，单是用嘴巴验收也可以知道其美味。第一口鳗鱼鲜香滑腻的油脂缓缓流入喉间，接着再夹起一口米饭细细咀嚼，弹牙与细致的口感在口中混杂，交错织出均衡的美味。

稻荷寿司组合（いなりすしセット）

Inari sushi setto 800~1400日元

关西的豆皮寿司呈三角形，其底部是完全打开的，不用豆皮包裹，让人能够清楚地看到醋饭，当然口味也跟关东的不一样。在关西地区应该要好好品味一下，从中领会地方区域差异。两地在饮食文化方面产生了很大的不同，即便是形似的食物，吃进嘴里的滋味也有很大的不同。

狐狸煎饼（きつね煎饼）

Kitsune Senbei

きつね煎饼是京都伏见颇具地方特色的饼类，是种把外形烤成类似狐狸面具的煎饼，乍看之下会以为只是搭上稻荷神社狐狸传说来吸引小孩子把玩的小零嘴，然而一口咬下去便会发现有股其他煎饼所没有的胡椒香味，还可以尝到胡麻与白味噌的味道。

售卖きつね煎饼的是当地老店宝玉堂。该店自昭和15年开业至今已经超过70年，营业时间为7:30—19:00，全年无休，距离京阪本线的伏见稻荷站只有2分钟的步行距离。

美食信息

稻荷寿司·祢ざめ家

➡ JR奈良线稻荷站或京阪本线伏见稻荷站步行2分钟。

推 ★★★★★　店内气氛★★★★★　交通便利★★★★★

🕐 排队时间：5~10分钟。

🕐 9:00—18:00，不定期休息。

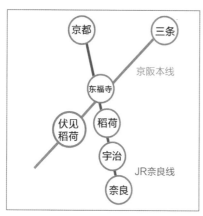

伏见稻荷大社

全日本神社总坛

日本可以说无处不神明、处处有神社，比较常见的如稻荷神社、诹访神社、八幡神社、香取神社、惠比寿神社、浅间神社、北野神社、白髭神社等。不同的地方往往会供奉相同的神明，譬如掌管日本谷物、食物的是稻荷神，稻荷神社也是日本数量最多的神社（超过4万所），比较有名的如京都伏见稻荷大社、佐贺县佑德稻荷神社以及茨城县笠间稻荷神社，东京上野公园内也有座小小的稻荷神社。

唯有位于京都伏见的这一座可以被称为"稻荷大社"，用句咱们华人听得懂的话来形容：伏见稻荷大社就是全日本稻荷神社的总坛，也是京都地区香火最旺盛的神社。

相传狐狸是稻荷神的守护者，所以稻荷大社内外处处可见狐狸的铜像或雕像，连人们到神社祈福许愿的绘马都做成奇特的狐狸造型。此外，相传狐狸爱吃豆皮，所以伏见稻荷地区也盛产豆皮，后来关西地区干脆把豆皮称为"きつね"（狐狸），若旅客在关西地区的餐厅看到狐狸乌冬面或狐狸寿司，千万别误以为店家以狐狸制售食物。

成千群聚的"鸟居"构成的步道

伏见稻荷大社最特别的是鸟居，鸟居本没什么特别，随便在日本走步路就能看到，但如果几千个鸟居排在一起成为鸟居隧道，那才稀奇。从江户时代开始，前来此地许愿的信徒为了敬神会捐赠鸟居给神社，久而久之，伏见稻荷大社的鸟居数量竟然多达几千座，于是有了"千本鸟居"之名。

到底有多少座鸟居？这个问题似乎困扰着每个前来参拜的游客，坦白说没有正确的答案，也没有计算的必要，从第一座鸟居开始，整片鸟居步道横跨整座稻荷山，从山下一路沿着鸟居隧道往上爬，至少要将近1小时才能走到山顶，到了山顶又赫然发现连旁边的山头也盖满了鸟居。况且，随时都会有个人或企业捐赠，鸟居数量随时都在变动增加中。

我在2012年时曾经算过一次，3044座！信不信由你！

参观信息
伏见稻荷大社
➡ 在京都车站搭JR奈良线在稻荷站下车，或搭京阪本线在伏见稻荷站下车。建议步行，1分钟即可到达。

世代相传、令人怀念的好滋味

JR宇治站 **中村藤吉（总店）**

招牌宇治金时冰

宇治きん氷

> 交通：JR宇治口出直行，过一个红绿灯约100米即可抵达
> 预算：各式套餐1100~1400日元
> 顺游景点：源氏物语博物馆

谈到宇治的美食，不得不提宇治金时以及宇治茶。宇治和金时分别是抹茶和红豆的代名词，宇治是西日本最有名的茶叶产地，每年日本全国初春新茶的评选就在宇治举办，不管是自产茶，还是评选出的茶，只要贴上"宇治茶"字样，便是质量的保证（这和中国台湾"阿里山茶"名称被乱用的现象是相当不同的）。

而金时的说法有两种：一是红豆的古名叫作金时豆；另一种是加入砂糖煮过的红豆就好像"金太郎"（坂田金时）的脸一般红。

最传统的吃法是在宇治金时上加颗汤圆，其他还会加上寒天、葛切、栗子乃至米果。

当然，我认为最内行的吃法是：冷热各吃1碗。

在我多趟去宇治的旅游经验中，若要挑选神人级宇治金时店家，非位于宇治上神社侧门到源氏物语博物馆沿路的许多不知名小店家莫属。但是这些家店却经常性地停休。其实，寻找美食并不难，但能够罗列于书上供读者参考的店家，必须具备严苛的必要条件：店家能够存活下去，并且有固定的营业时间，否则一旦发生读者按图索骥、店家却结束营业的情况，搞砸自己的招牌事小，害读者大老远到了宇治当地，却扑

了个空才是误人误己。

　　基于可靠性的原则，我选择了宇治地区知名度最高的中村藤吉总店，它或许不是宇治地区最好吃的抹茶甜点店，但至少有80分以上的水平，且全年无休！它开业于安政元年（1854年），历史悠久，店铺本身称得上古迹，可为旅客增添不少思古幽情和品茶乐趣，对于没有太多时间的旅人来说确实是个不会出错的选择。

日本茶中蕴含的人生智慧

　　中村藤吉总店的用餐者众多，最好避开用餐高峰时间，排队的方式是先在门口的预约簿签上名字与人数。店家上餐的动作相当利落，所以排队的时间不会太久，几次造访下来顶多等待15~20分钟。菜单上除了清楚的食物图片外，还有汉字外加英文翻译，点餐相当容易，虽然感觉少了纯日本味，但方便性绝对让首度自助旅行的外国观光客感到安心。

　　中村藤吉和宇治的众多茶店一样，除了冰品餐点之外，售卖各种茶叶才是它的本业，但由于它的名气响亮，售价会偏高，时间比较宽裕的人不妨货比三家，我个人比较喜欢在宇治或京都的超市选购宇治茶，也许名气或口感略逊一筹，但价格相差30%~50%。

买回家的绿茶或煎茶，冲泡时必须用70℃左右的热水来冲，而且浸泡3~5秒就要马上倒出来。若用中国台湾乌龙茶90~100℃的高温久闷泡法去冲泡日本茶，保证会苦到让人吐出来！

苦涩让人清醒，磨人心志；甜腻让人放松，忘却磨难。但若只有苦涩则人生悲苦，若只有甜腻则人生堕落。宇治的苦、金时的甜，其间的违和感所营造出的味蕾感受让我慑服于创造这道美味的智者，这不正反映了日本独到的人生观与美学观吗？

招牌"生茶冻"是每个人必点的甜点。

美食信息

中村藤吉（总店）

➡ 从京都车站出发搭乘JR奈良线直达JR宇治站；从四条站出发可搭京阪本线到中书岛站换京阪宇治线到京阪宇治站。个人建议搭乘JR线，因为比较方便，不用换车。JR宇治口出直行，过一个红绿灯约100米可抵达。

推 ★★★★★　店内气氛★★★★★　交通便利★★★★★

🕐 排队时间：15~20分钟。

🕐 总店：11:00—17:00，茶叶店：10:00—17:30，全年无休。
除了总店以外，还有平等院、京都车站分店。

跟着食客点招牌菜

会盖过茶叶该有的香浓或苦涩，寻常宇治金时让人诟病的缺乏茶香或过度甜腻的问题，在中村藤吉的餐点中绝对不会出现，其冰品或茶套餐称得上是一分钱一分货。

招牌宇治金时冰（宇治きん氷）
Uji kin koori 850日元

　　招牌宇治金时的抹茶酱与糖浆是让客人按照自己的口味自行分开添加的，可以自行调制苦涩与甜美之间的平衡，美中不足的是它的红豆并非粒粒分明，而是红豆馅，但并不会影响红豆的香甜风味。

茶荞麦套餐（茶蕎麦セット）
Cha soba setto 1100日元

　　想要用餐的人可以点这道。除了抹茶荞麦面以外，还附上白饭、小菜以及店招牌的抹茶馅蜜（里面有寒天、汤圆、红豆、抹茶冰淇淋）。不论是抹茶冰还是抹茶酱，甜度绝对不

素面套餐（そうめんセット）
Somen setto 980日元

　　不喜欢甜品的人可以点这份套餐，我个人特别喜爱素面，面条粗细介于面线与拉面之间，吃法和荞麦面相同，蘸着酱汁一起吃，还附上抹茶和抹茶羊羹，分量相当有诚意。口感独特，让人意犹未尽。

在博物馆内用餐，别有一番文艺气息

吃下一口雅致：浮舟松饼

浮船ワッフル

交通：JR宇治口出，在宇治源氏物语博物馆的吃茶亭内

预算：1000日元

顺游景点：源氏物语博物馆

每个人品尝美食的目的都大不相同：有人喜欢便宜、大碗又好吃，但必须忍受用餐环境不佳，如油烟密布的大阪烧；有人追求美味与气氛的兼顾，就必须掏出更多的钞票；有人吃东西随遇而安，走到哪儿吃到哪儿；有人喜欢钻进山巅水滨，只为了吃到稀奇古怪的食物。

不过，吃东西永远有折中方案：如果既想要享受极佳的用餐气氛，又要拥有平易近人的价钱，且无须忍受排队之苦，那就到博物馆（或美术馆）用餐吧！当然，博物馆所附属的餐厅在美味上或许会打点折扣，但不论是便利性、高雅氛围度，还是幽静程度，都是一般餐厅无法抗衡的。

宇治相对京都已是远离尘嚣，源氏物语博物馆更是宇治风景区中最幽静的好去处，而它的吃茶亭——花散里，称得上是悠闲中的悠闲，对我而言宛如一座释放心性的世外桃源，我造访花散里的次数超过5次。坦白说，花散里的餐点比起宇治街上那些动辄百年历史的老店逊色不少，但是吸引我的地方绝非它的甜点或餐饮，而是在花散里，可以透过落地窗望着庭园的阳光、红枫或白雪，细细咀嚼参观源氏物语博物馆后的点滴。把玩着从博物馆商店收集到的纪念品，冥想着源氏物语中宇治十帖的爱恨情仇，总是会让自己的文艺青年指数破表。

人生总要假装几回文艺青年吧！

有人用餐喜欢选择店家高雅的装潢气氛，然而，再怎么强调低调奢华的千万级装潢，肯定也比不上博物馆与美术馆所散发出的文艺或庄严气息，容我用最浅薄的语言来形容：什么装潢能比得上博物馆呢？源氏物语让我们了解到感情的来源不单单只是爱慕，同样，食物的美味来源从来也不只是食材而已。善用周围环境称为借景，也可以称为借力使力，小小博物馆的吃茶亭却蕴含着人生的大道理呢！

跟着食客点招牌菜

浮舟松饼（浮船ワッフル）
Ukifune waffle 600日元

这是由源氏物语中为情投河，后被和尚救起的角色"浮舟"启发想出来的食物。用和风的名称搭配西式的餐点，称得上是文化融合了。

美食信息

吃茶亭·花散里

➡ JR宇治口出，循地图与当地指示牌可到达，在"宇治源氏物语博物馆"的吃茶亭内。

推 ★★★★★
　店内气氛★★★★★
　交通便利★★★★★

🕐 排队时间：15~20分钟。

🕐 9:00—17:00，周一休息。

宇治神社　　　平等院
宇治上神社
★花散里
　源氏物语
　博物馆
宇治桥
神社
京阪宇治站
京阪宇治线
JR奈良线
宇治站

源氏物語屏風

源氏物语博物馆
急促旅程中的逗点

　　寻宝是人类行为中迥异于其他生物的行为，寻宝的乐趣不在"宝"，而在"寻"，旅程中若能找到一两处闹中取静的景点，品尝几道内行低调的美食，寻宝的喜悦便会让整趟旅程在往后的生活中被我们津津乐道。在超级大热门的京都旅行中，宇治始终让我有寻获至宝的感受，尤其是位于宇治角落的源氏物语博物馆。

　　为何我如此推崇宇治？因为唯有宇治才可以让人一次找齐京都的元素：世界遗产、文学、甜点、茶道、银杏、红枫绿叶、山水景观。宇治的人潮不到京都热门景点的1％，源氏物语博物馆更是块超乎预期、人烟稀少的净土。

　　宇治的传奇围绕在《源氏物语》这本宫廷小说上，《源氏物语》全本共54帖，最后10帖的故事发生在宇治，从此有"宇治十帖"的雅称。故事中最痴癫爱恋的人物部分是主角光源氏之妻与人私通所生下的男主角薰，故事重心就在薰与3名美丽女子——大君、中君、浮舟之间的凄美爱情上，可以说是《源氏物语》中最经典的篇幅。

神游千年前的男女情爱，感受日式独到情调

　　喜欢《源氏物语》的读者不可错过全日本独一无二的源氏物语博物馆，不用担心没看过《源氏物语》又不懂日文，博物馆内附有中文导览机的《源氏物语》动画片，短短10多分钟的动画片可以带

人进入浓郁到化不开的和风
文学世界。博物馆位于宇治
上神社旁，馆内分为5个展
馆，分别为平安间、架桥、
宇治间、映像展示室以及物
语间，用模型场景、电影、
资料板等介绍源氏物语相关

的资料。曲线屋檐、回廊设计，博物馆以水环拥相隔，以寝殿为打
造原型，并以大片落地窗的外墙来引领游客神游千年前的爱恨情
仇。如果你打算涉猎《源氏物语》的世界，可以从这个博物馆开始。

　　《源氏物语》所建立的世界观就是"逾越"两字，"逾越"就
是不断向社会禁忌与尺度挑战，或许内容过于耽于情欲爱恨，但是
这种逾越的行为本来就是时代进步的驱动力，更是世代交替的人心
原始密码。从源氏物语之后，对禁忌的冲撞与书写，一跃成为日本
文学的显学，也正是这种勇于窥探人们私密空间的逾越，才造就了
近代日本对西化的大胆开放的接受态度吧！

参观信息

源氏物语博物馆

- ➡ 在JR宇治站依照指示牌寻找，
  步行约10分钟。
- ¥ 门票：成人500日元、儿童250
  日元。
- 🕐 9:00—17:00，周一（如逢节
  日则为次日）、12月28日至1
  月3日休息。

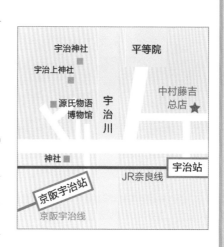

Restaurant Tagami

法国主厨的技术 + 意大利的食材 + 山崎的好水 = 天堂的滋味！

山崎站　意大利面店 · Restaurant Tagami

看莫奈，也别忘吃好吃的：贵妇套餐

Madame Dejeune

交通: 从京都车站出发搭乘JR东海道线，前往大阪方向，在山崎站下车
预算: 1490~2180日元
顺游景点: 大山崎山庄美术馆

20多年前我带着新婚妻子到意大利度蜜月，在意大利北部阿尔卑斯山麓一个不知名的小村镇停下了脚步，那是个只有几条街、几家小店、没有多少居民更别说观光客的恬静小镇。我们找到一家外表不起眼、摆了几盆盆栽的小餐馆，里面称不上什么装潢，只有干净的餐桌，傍晚的夕阳透过明亮的玻璃窗洒进来，虽然是家居式餐馆，但服务生与厨师都穿着极为标准的白色厨师服。

餐馆附近有座只有村民才会造访的小教堂，不远处的山丘上有栋在观光指南上根本找不到名字的小美术馆，但美术馆内竟然收藏着许多文艺复兴时期的艺术品。两条街外有座只有慢车才会停靠的小火车站，等车的旅客慵懒地在站台的座椅上喝着卡布奇诺。

餐馆供应的是意大利面，不谙意大利文的我们任意点了其中2份，依稀记得，和前菜沙拉一起上桌的是街尾教堂的钟声，我们最后还伴着火车汽笛声喝了杯浓到睡不着觉的餐后卡布奇诺。

那盘和着罗勒酱的意大利面对我而言，就是天堂的滋味。

当年中国台湾鲜有卖意大利面的店铺，直到10多年后，台湾饮食界终于吹起意大利风，然而我却完全无法爱上台式的意大利面，传统意大利面偏硬，相当有嚼劲，但多数台湾改良的意大利面却软到可以用鼻子吸食，传统意大利面的酱料泾渭分明，而改良的台版意大利面却不管哪种口味一律都淋上一堆起司；当然更重要的是，对我来说，蜜月旅行的意大利北部不知名餐馆的传统滋味早就牢牢印在心中了。

多年后，我在位于京都与大阪之间一个名叫山崎的小镇找到了相仿的感受。

我的意大利面天堂重现了

山崎真的只是个小镇，小到连许多日本人都无法明确说出它的位置，从火车站出来约莫只有两三条小街道，街上只有一家商店、两三家小餐馆、一家邮局和一家牙科医院，不远处有座绝对在旅游指南上找不到的当地小神社"离宫八幡宫"，还有一个只停慢车的火车站，另一边的山麓上，矗立着由安藤忠雄设计的大山崎山庄美术馆，虽然名气不大，却有着显赫的馆藏——莫奈的《睡莲》。

更巧的是，山崎镇上也有家意大利面小餐馆——Tagami。

不起眼的小镇，居家式简朴低调的装潢，让人松懒的气氛，穿戴正式整齐的服务生与厨师，不出名的千年神社，搭配山麓边美术馆内莫奈和安藤忠雄的艺术气息，这些似曾相识的场景，唤醒了我内心深处埋藏许久的那次意大利之旅的全部印象，我的意大利面天堂虽然只出现过一次，但口味却在这里重现了。

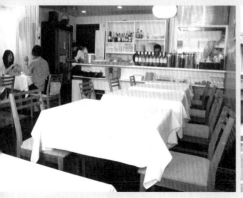

美食信息

意大利面店 · Restaurant Tagami

➡️ 从京都车站出发搭乘JR东海道线，往大阪方向，在山崎站下车。

推 ★★★★★　店内气氛★★★★★　交通便利★★★★★

🕐 除假日外无须排队。

🕐 11：30—15：00，18：00—22：00；周一和周二休息。

注：不论从京都还是大阪出发，都只能搭乘普通班次的JR列车（快速与特急班
　　车都不停靠山崎站）。

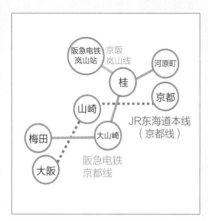
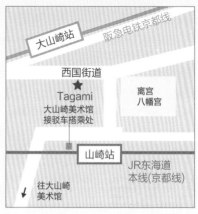

跟着食客点招牌菜

主菜

主菜

前菜　意大利面　甜点

前菜　甜点

贵妇套餐
Madame Dejeune 2180日元
（平日限定）

贵妇套餐由4道料理组合起来，分别是前菜、主菜、意大利面和甜点。其主菜是鲜鱼和干贝，重点在于淋酱，它的酱汁层次分明，从内到外分别是起司酱、卡司达酱和罗勒酱，酱汁的味道彼此独立、互不干扰，混在一起品尝却又能让人感到3种口味大相径庭的酱汁所共同谱出的不可思议的调和感。

意大利面午餐
Pasta Lunch 1490日元
（平日限定）

若想配合大山崎山庄美术馆的参观行程，建议利用中午的时间来这家餐厅。它的午餐比较便宜，一共有2种意式套餐：贵妇套餐与意大利面午餐。除了主食分量以外，两者最大的不同在于面条，贵妇套餐选用传统的意大利宽面条，口感偏硬；搭配茄汁罗勒叶，不会有大量起司酱带来的黏糊糊的浓稠感。

主厨田神启充相当大方地接受了我的采访与拍照；充分展现了大阪人的豪爽，和东京餐厅的主厨相当不同。用餐的过程相当愉快，意大利面的滋味很地道，餐厅内坐满了日本贵妇，还真的是名副其实的贵妇套餐哩！

大山崎山庄美术馆

安藤忠雄设计的"宝石箱"

顺游景点

　　一开始，旅人会以为清水寺、南禅院、祇园、金阁寺、银阁寺等才是京都古都的主要面貌。人嘛，总会以从众的心态去审视人生的各种抉择，就像大学志愿选电子信息、法律、工商管理，投资理财选择热门产业和当红金融商品，买房子只考虑他人眼中的主流地段。

　　我不愿在有限的旅程中屈就主流与热门的安排，也不想再选择观光客的京都，而是希望能走进京都人的京都，特别是位于京都边缘的僻静小角落，如近江八幡、宇治、美山与山崎。

　　山崎是座距离京都15分钟车程的小镇，走出车站首先映入眼帘的是离宫八幡，一座平凡到无法再平凡的小神社，神社该有的鸟居、本殿、拜殿、中门、社务所、石灯笼、御手洗、石阶、参道、御守等都有，却没有摩肩接踵的游客，没有成排贩卖着名产，也贩卖着嘈杂的商店街，相机的取景窗口中只有斑驳的百年石灯，不会有闲杂人等。

知名作家寿岳章子在《京都思路》的《西国街道》中如此形容大山崎："大山崎是当年丰臣秀吉与明智光秀争夺的关键地方，秀吉占据此山后，便赢得一统天下的好彩头……大山崎安静充满古意，注视时代最前端与怀旧眷恋的目光同时共存则是它耐人寻味的地方。山崎八幡离宫在过去的历史中，浮沉于男人的野心世界……"

大山崎山庄美术馆离山崎车站只有10分钟路程，其主建筑大山崎山庄是关西巨商加贺正太郎在大正年间所盖的英式建筑，加贺正太郎原本打算在其去世后将山庄卖给建设公司，但附近居民反对古迹被拆除，于是由朝日啤酒公司与京都府共同收购下来，除了保留高耸烟囱的古老英式建筑大山崎山庄外，还请来安藤忠雄打造以清水混凝土建的现代建筑——"地中的宝石箱"别馆，大山崎山庄美术馆是罕见的融合英国与日本两大大陆边陲的岛国建筑风格的文明所在。

进入"地中的宝石箱"之前，先得经过罕见的极简的楼梯，或许安藤忠雄不愿抢走莫奈《睡莲》的风采——显然这座地下美术馆是为了"睡莲"而设计的，美术馆上方是玻璃材质采光罩的天井，从天井穿过的光线照射在馆内的展品上，用光影引领出大师的主观风格。

法国印象派画家莫奈50岁时在巴黎附近的吉维尼（Giverny）的家中设计了一座莲花池，上面盖了一座日式的太鼓桥，之后的30年，他以睡莲为主要的创作主题，一生中总共画了超过200幅睡莲（据说还有很多没有公开的私人珍藏）。《睡莲》系列最新的拍卖价是台币16亿1670万元（约合人民币5亿2773万元，2014年6月23日伦敦苏富比拍卖会），而之前的最高价为8030万美元（约合人民币3亿2980万元，2008年伦敦佳士德拍卖会），大山崎山庄美术馆一共收藏了5幅《睡莲》，称得上是全球馆藏《睡莲》最多的美术馆之一。

　　由于大山崎山庄美术馆并非热门观光景点，《睡莲》没有所谓的观赏时间限制，可以从不同角度不受限制地观赏。在饶富创意的建筑中肆无忌惮地捕捉大师带来的心灵撞击，完全不懂艺术的我忽然觉得自己是全世界最富有的人，是人类宝贵的艺术资产丰富了我的心。

　　伟大且滋润人心的艺术品应该有美丽的归宿，因此莫奈的《睡莲》系列被陈列在世界各个角落的伟大建筑内，人类共同的美学资产本该如此。当我看到中国台湾一些炒股炒房的大户与掮客，前赴后继地炒作画作，附庸风雅地将艺术品当成"文化漂白"的工具和洗钱工具时，真想对他们说：请还艺术一个单纯空间。

参观信息

大山崎山庄美术馆

➡山崎车站出口左转即可抵达。从京都车站出发者搭乘JR京都线往大阪方向，从大阪车站出发者搭乘JR京都线往京都方向，在山崎站下车，从京都到山崎车程需要14分钟，从大阪到山崎车程需要30分钟。也可以搭阪急电铁京都本线，从京都的河原町站到大山崎站车程26分钟，从大阪的梅田站到大山崎站车程37分钟。并非所有的JR与阪急电铁班次都停靠山崎站，请特别注意。

➡JR山崎站门口有大山崎美术馆的接驳巴士（免费），每天有16~19班不等，往返于JR山崎站与大山崎美术馆之间。

¥门票：成人900日元、高中生与大学生500日元、中小学生免费。

🕐10:00—17:00（16:30以前进场），周一休息。

在枯山水之前，享受绝品京甜点

岚山站 | **eX café 岚山总店**

天龙寺百汇综合甜点

天竜寺パフェ

交通: 京福线岚山站下车，或搭JR山阴本线在嵯峨岚山站下车
预算: 甜点每份1000~1500日元、饮料550~800日元
顺游景点: 岚山

　　美国抗盲基金会（Foundation Fighting Blindness，FFB）每年都会举办以"在黑暗中吃晚餐"为主题的募集款项餐会，用餐时，所有灯都熄灭，让与会者体会盲人用餐的感觉。有些人感到恶心、完全丧失食欲；有些人无法分辨吞咽的是什么；少数不受影响的人也几乎吃不出厨师提供了什么美食。

　　美味的食物让人看了就流口水，但是人在没有视觉刺激的情况之下多数无法正常吃出美食之别。这证明了食物看起来怎样绝对影响你对美食的判断。成功的甜食主厨与餐厅老板显然很懂得这个奥秘，甜点不同于正餐，通常饕客并非在空腹时去品尝甜点，如何诱发人对甜点的食欲，秘诀在于视觉，所以大多数甜点餐厅的装潢摆设绝对能满足客人的视觉需求。

岚山的美丽歇脚处

　　岚山是京都人潮最多的观光胜地，从渡月桥经天龙寺到野宫神社这短短不到1000米的散步步道，挤满了观光客。马路两旁与巷弄内的餐厅少说也有上百家，堪称大京都地区的一级战区，能在这里生存下来的餐厅，绝对有两把刷子：第一把是美味，第二把是视觉盛宴。

　　位于会被来去匆匆的观光客忽略的小巷道内，有家连名称都不起眼

的咖啡厅——eX café 岚山总店（イクスカフェ）。经过巷口招牌无数次的我，老是误以为是连锁咖啡厅的分店，直到有一天无意间驻足，仔细一瞧才赫然发现眼前宛如米其林三星等级高级料亭的建筑，竟然是被我忽略多次的 eX café。走进店内首先映入眼帘的是传统枯山水庭园，工整白沙上划着水纹，推开第 2 道门走进玄关后，迎面而来的是纯粹和式的陈设。趁着午后客人不多，我指定了和式包厢位子（包厢没有最低消费额的额外规定，请放心）。

　　eX café 的包厢绝对让人惊艳，极简的桌椅摆设、木地板、纸窗、窗外假山庭园、遮阳竹帘，完全让人忘记这只是家咖啡厅，简直像奢华的温泉旅馆的房间，若搭配夏日午后的蝉鸣，晚秋残枫的落叶，我只能大叹，这家店的老板绝对懂得视觉体验在甜点上的绝妙运用。

　　店家的视觉游戏不仅体现在陈设与气氛的营造上，它的甜点本身更是仿佛一道道艺术品的飨宴，抹茶蛋糕搭上五颜六色酱汁的摆盘，深邃陶碗内的冰品插上一把日式小纸伞，题着古汉字诗词的烤炉，宛如古玩的宇治金时茶碗，深不见底极具文艺青年风格的抹茶泡沫，别说品尝，就算点来欣赏都值得。

　　厌倦了来去匆匆人声鼎沸的美式连锁咖啡吗？这家 eX café 岚山总店定能让你重拾午后一口茶、一杯咖啡、一份点心的昔日美好时光。

跟着食客点招牌菜

京都鲜奶油竹炭蛋糕卷
（京黑ロール）
Kyou guro roru 950日元

　　以备长炭为素材制作的黑色蛋糕卷，配上纯白又奶香四溢的奶油，不仅好吃，在视觉上也鲜明漂亮！从招牌甜点就可以感受到店家对美的坚持。

　　这里的蛋糕卷也不只有鲜奶油口味，还有山樱花（やまざくら）、播磨园抹茶等多种选择。也有很多人带走当作伴手礼。

天龙寺综合百汇
（天竜寺パフェ）
Tenryuuji pafe 900日元

　　以有机抹茶制作的冰淇淋，奶味浓厚却不甜腻，加入京都物产八桥、白玉团子及红豆，甜蜜的滋味直上心头。最后再喝上一杯抹茶，将伞下的甜点一扫而空，我的心也在伞下安静了。

烤团子组合
（ほくほく、お団子セット）
Hokuhoku, odango setto 1220日元

　　在席地而坐的榻榻米上，以炭火烤糯米团子，再眺望腹地近400平方米的枫叶美景？只能说这就是京都！

美食信息

eX café 岚山总店

➡ 搭京福线在终点岚山站下车步行1分钟，或搭JR山阴本线在嵯峨岚山站下车步行10分钟。距离岚山渡月桥步行时间1分钟。

推 ★★★★★　店内气氛★★★★★　交通便利★★★★★

🕐 假日需排队5~15分钟。

🕐 10：00—17：30，全年无休。

岚山
能简单的旅程，千万别复杂化

　　岚山绝对能跻身京都人潮前五名的景点（其他四个依次是祇园、河原町、清水寺与金阁寺），还好岚山够大。岚山地区的旅游景点不外乎渡月桥→岚山大街→天龙寺→竹林小径→野宫神社→嵯峨野小火车，另一种玩法是反过来走。

到岚山搭电车最好！别开车，别搭公交车

　　岚山距离京都市区有点远又不会太远（距离京都车站大约10千米），这样的距离对于交通而言却显得有些尴尬。前往岚山的交通方式有3种，其中开车与搭公交车根本不切实际，开车虽然最快，但请考虑一位难寻的停车位，以及1小时超过1000日元的停车费。

顺游景点

至于公交车，万一碰到假日、旺季与上下班时间，挤在满车人潮中，一路罚站一个多小时回京都，届时岚山美景的回忆恐怕已消失殆尽。

至于电车，一共有3条线路经过岚山，虽然在岚山大道上最方便的是京福电铁岚山线，但其位于京都的起点四条大宫却是个完全没有任何其他大众运输系统经过的地方（距离地铁乌丸站20分钟步行路程），所以往返岚山千万别搭这条电铁。

因为岚山地区很大，从北边的嵯峨野小火车到南边的渡月桥，距离超过3000米，如果搭乘同一条电车路线往返京都，便犯了"走回头路"的自由行大忌，而以下这种交通线路虽然无法使用单一方式，也会多花几百块钱的车钱，但却最有效率。

京都地区各系统交通公司各自为政，没有真正顾虑到旅人的方便，以致许多人到京都旅行都迁就于各种交通一日券（或数日券），只为了节省区区几百块钱而浪费太多时间在转车或走回头路上。我每次到京都根本不买什么一日券，因为我不想因为交通的限制而制约了旅行的自主，"别把简单的事情复杂化"是旅行安排的最高指导原则。

岚山和京都市区多数名胜不一样的地方在于其自然风光，不管去几趟岚山，所留下的记忆都不会改变。故地重游的人可以在每个

岚山建议参观路线

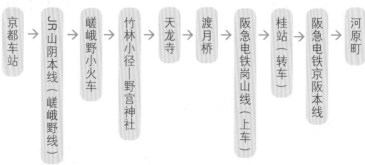

京都人情味小吃

角落找寻昔日记忆的烙印。反观许多人工景点，其地貌与建筑物每几年便有重大的更替，很难让人萌生睹物思情的乐趣。我常感叹人生中往往转个身离去，即使只是一下，当再回过头时，每件事都变了，变得陌生无法辨识。

岚山渡月桥下的宽阔江面、徐徐山风、野宫神社前的竹林、嵯峨野小火车呼啸而过的桂川，皆保持着千百年来不变的美貌，当旅人再度造访，便可再度借由寻幽探胜来呼唤昔日回忆，这应该是岚山给我带来的最大的旅行乐趣。

参观信息

岚山

→ 从JR京都站出发，约16分钟后在JR的嵯峨岚山站下车。

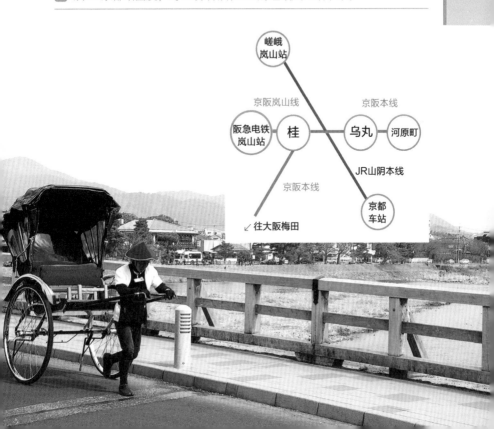

大阪
大隐，隐于市：在市集中寻觅人群的温度

人声鼎沸之中，快速地道的美味

门真南站　乌冬面店·三ツ岛真打

温泉蛋炸鸡咖喱乌冬面

温玉とり天カレー

交通: 大阪地铁长堀鹤见绿地线门真南站4号出口, 步行8分钟

预算: 970日元

顺游景点: 大阪鹤见·三井Outlet

出国旅游的时候，经常会有这样的问题：到底是要图方便在闹市区随便挑家餐厅吃饭，还是要花上来回50分钟的车程外加20分钟的步行，并且再等上20分钟吃上当地地道讲究的一餐呢？恐怕多数人会选择前者，以前的我也是如此。

为了找到真正的答案，我特地在大阪做了个小实验：我与同伴先在大阪最热闹的心斋桥闹市区选了间"金四兰"（注）等级的面店，之后就从心斋桥地铁站搭车前往郊外的隐藏版乌冬面店"三ツ岛真打"。同样是品尝面，借此寻找旅程安排上两难之最佳解答。

从门真南地铁站走出来，映入眼帘的只有高速公路、工业区和呼啸而过的大货车，确实让人感到不安，心中难免嘀咕：这儿真的有隐藏版的神店吗？除了附近工厂的作业员工和与闹市区不同面貌的当地路人外，沿路少有人烟。走了七八分钟，一个惊人的景象出现在眼前——在类似五股工业区的环境中，竟然有一家人声鼎沸的乌冬面店，别说排队，连店家附属的停车场都停着十几辆汽车，甚至还有好几辆汽车在路

注：泛指金龙、四天王、一兰等深受外国观光客追捧的高人气拉面店。

旁等待车位。

　　"三ッ岛真打"等位的方式是在店门口的登记簿上写下姓名和人数，然后等着店员叫号，如果你不会用日语写自己的名字，可以在名字栏写下"中国"二字，相信这种位于工业区的隐藏小店家应该不会同时有另一组来自"中国"的客人。

　　这里的招牌是咖喱乌冬面，点餐后上菜的速度快得惊人。更贴心的是，如果客人点咖喱乌冬系列的面食，为了不让难清洗的咖喱酱沾到客人的衣服上，餐盘上会附上一条围兜。同时还会送上一碗米饭，吃完面之后可以将剩余的咖喱酱和米饭一起拌着吃。

　　此外，配料用的是鹿儿岛生产的猪肉片，口感比一般猪肉香浓，最值得一提的是，这碗乌冬面的汤头尝起来有股淡淡的中药药材层次分明的香气，相比于大阪地区偏咸偏油的一般浓厚系面食，更适合中国人口味。

　　想想看，在寸土寸金的心斋桥商圈的面食店，店内十之八九是外国观光客，反观在郊外低廉租金的店家却胆敢用相同的售价，而店内的当地食客却人山人海，用经济学与生活常识就可以分辨其优劣。

　　我已经受够闹市区那些用廉价酱油随便调味，咸死人不偿命还对外国观光客狡辩"关西浓厚风"的次等面食了！下次，你会愿意多花一个多小时去排队品尝当地人的美食吗？

跟着食客点招牌菜

温泉蛋炸鸡咖喱乌冬面（温玉とり天カレー）

Ontama toriten kare-udon
970日元

咖喱乌冬面有很多口味，我点了温泉蛋炸鸡咖喱乌冬面，除了面条筋道弹牙之外，炸鸡也相当大块（一共有3大块）且十分入味，加上分量颇多的葱段，若称其为大阪地区乌冬面的神店一点也不夸张。

鹿儿岛猪肉豆皮乌冬面（鹿児岛豚の肉きつね）

Kagoshima buta no niku kitsune
1020日元

不喜欢吃咖喱的人，我特别推荐鹿儿岛猪肉豆皮乌冬面，"きつね"是狐狸的意思，也是豆皮的意思，相传京都稻荷神社的守护神狐狸爱吃豆皮，所以稻荷名产豆皮便用狐狸来命名，京都稻荷豆皮与传统豆皮不一样，豆皮内用胡麻与芝麻调味，尝起来味道特别香浓。

美食信息

乌冬面店·三ツ岛真打

➡ 地铁长堀鹤见绿地线门真南站4号出口，沿着高速路步行8分钟。

推 ★★★★★　店内气氛★★★★★　交通便利★★★★★

🕐 11:30—14:30，17:30—21:00（太晚去会卖完哦！）；周一休息。

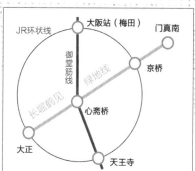

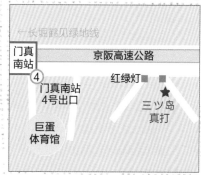

大阪鹤见 · 三井Outlet
无印迷和运动迷不可错过！

　　大老远从大阪市区花上来回50分钟的车程，再加上来回20分钟的步行，并且等上20分钟吃碗"三ッ岛真打"乌冬面，肯定有人认为不太值得。当然，我能体会，毕竟如果只为了吃碗乌冬面就花上2个多小时，似乎不能算有效率。但是如果附近有座购物广场，吃碗乌冬面后顺便逛逛购物广场，安排这趟几个小时的食游就高明多了。

　　在门真南站3号出口不远处，恰好有座三井Outlet（奥特莱斯）。

　　三井Outlet是日本最大的也是店铺数量最多的奥特莱斯购物中心，从北海道的札幌到山阳地区的仓敷，一共有12座大型购物量贩店铺。三井Outlet在关西地区一共有3座，分别在神户的明石大桥旁、冈山县的仓敷以及本文介绍的大阪市郊鹤见地区。

　　它的店家与专柜集中在3-5楼（1、2楼为停车场），总共有超过70家大大小小的店铺。3楼主要是餐饮、生活杂货小物，服饰集中在4-5楼。如果抱着想要采购欧美名牌的目的来此，或许会让你失望。大阪鹤见这家店最具特色的地方在于运动商品类，全球大多数知名运动品牌（包括各种球类、山岳滑雪）都有在这里设柜，喜欢运动用品的人可以来这里享受一次购足的快感。

　　相较于东京的神保町运动用品商圈，大阪与京都市区的运动商品

店铺比较分散，没有集中的商圈可满足运动用品爱好者，顶多只能在百货公司的专柜或少数几家分散的购物中心购物。所以这家集中了二三十个运动品牌的店，绝对是运动用品爱好者的购物天堂。

这里的商品在价格和品质上颇具优势，譬如我个人最喜欢的TaylorMade（泰勒梅）与Timberland（添柏岚），除了货物更齐全外，还可以挖掘到许多在中国台湾专柜没有看过的商品，普遍都有10% ~50%的折扣。无印良品专柜的售价比日本其他地区便宜5% ~20%。

三楼集中了十几家餐饮店，多数以传统日式餐饮为主，价格亲民，多在300~800日元，比台湾百货公司美食街还要便宜呢！当然我还是建议读者多走几步路去品尝"三ツ岛真打"乌冬面。

参观信息
三井 Outlet

➡ 大阪地铁长堀鹤见绿地线门真南站3号出口，沿着中央环状线高速公路步行5分钟，地铁站内与出口都有明显的指示标。

🕐 平日11:00—20:00，假日 10:00—20:00。

让人情不自禁、前赴后继去拥抱的膨松感！

天王寺站 | **甜点专卖店·Café Bouquet（天王寺 Mio 店）**

舒芙蕾松饼

スフレパンケーキ

交通：大阪天王寺Mio百货本馆10楼，Mio百货与天王寺站在同栋建筑物内

预算：680~1500日元

顺游景点：庆泽园

舒芙蕾是制作过程中失败率最高的法式甜品，制作舒芙蕾的过程相当繁琐，打蛋白与烘烤的时间一旦没有抓准，出炉的舒芙蕾便会在短短十几秒内迅速崩塌，即使是有名的大厨都不能保证一次就烤出完美的舒芙蕾，唯有不断地尝试，不断地失败，然后再尝试。

考验厨师的恶魔甜点

倘若美食评论家想要摧毁一家餐厅，通常会点这道"恶名昭彰"的点心，因为舒芙蕾的成功和失败没有灰色地带。完美的舒芙蕾难能可贵，总有点运气的成分，这一点，很像人生。

拍摄舒芙蕾对摄影师来说更是一种挑战。就算厨师端出完美的舒芙蕾，但因舒芙蕾冷却得太快，一旦降温，膨松的表面就会开始塌陷（从出炉起3~5分钟），所以，拍摄舒芙蕾的紧迫度简直可用和时间赛跑来形容，没有什么时间让摄影师细心琢磨摆排。

不论在哪里，很少有主厨愿意提供这道甜点，少数提供舒芙蕾的店家，不是需事先预约，就是限量供应，要不然便是基于成本考虑只提供大分量的舒芙蕾。

要说舒芙蕾是道折腾所有人的甜点，一点儿都不为过！但为何大家还是前赴后继地去拥抱它呢？

舒芙蕾的名称源自法语Soufflé，意思是"膨松地胀起来"。刚烤好的舒芙蕾，表面有精细的酥脆感，里面却像烘布蕾一样软如棉絮，由于面粉与玉米粉的添加量很少，仅以蛋白霜支撑，所以不容易成形，但是也因此增加了滑柔的口感，佐上糖霜、水果和蜂蜜，各种美妙滋味一起跃上舌尖。

我在大阪找到了一家可以随时品尝、无须预约、且提供单人分量舒芙蕾的店家——カフェブーケ，即Café Bouquet。

有人说富一代懂吃、富二代懂穿、富三代懂美学，懂得品尝甜点乃是富裕生活的终极体验，否则为什么世界上最好吃的甜点都源自法国、意大利、日本、瑞士这些富裕国家呢？精致的甜点源自精致的文化、发达的农业、高超的烘焙技术以及愿意追求美味的富裕食客，在一趟又一趟的日本旅程中，品尝甜点时获得的快乐远远高于其他食物，所留下的回忆也较为深刻，而能够尝到舒芙蕾这种娇贵的甜点，则称得上是甜点品尝的极致享受，为什么呢？

因为人们对甜食的启蒙多半源自童年记忆，但大多数人特别是30岁以上的这一代，童年时期应该很难品尝到舒芙蕾，多半是在国外旅行或近几年才获得舒芙蕾的初体验，至少对我而言，舒芙蕾是全新的甜食味蕾经验，也是不折不扣的"大人味"，追求没有记忆包袱的美好新事物，不正是旅行的目的吗？所以将甜点尤其是舒芙蕾视为人生最美的一道救赎，一点儿都不为过。

跟着食客点招牌菜

巧克力香蕉舒芙蕾松饼（スフレパンケーキ）

Chocolate Banana Soufflé Cake 600日元

舒芙蕾完全是以口感绵密取胜，好吃归好吃，却没有多少饱腹感，而另一道甜点舒芙蕾松饼则应该可以满足食量大的男性饕客。最传统的吃法是在松饼上抹上奶油，当然也可以淋上巧克力酱、蜂蜜，搭配冰淇淋和水果一起吃，口感介于松饼和舒芙蕾之间，味道美妙极了。

法式吐司（フレンチトースト）

French toast 680日元

除了各种口味的舒芙蕾以外，法式吐司也值得一尝，把吐司、香蕉与鲜奶油放在烤得火烫的铁板上，客人可以自行将蜂蜜或糖浆淋上去，听糖浆遇热吱吱作响，顺便把吐司与香蕉烤熟，吃起来颇有乐趣。

美食信息

Café Bouquet（天王寺Mio店）

➡️大阪天王寺Mio百货本馆10楼，Mio百货与天王寺站在同栋建筑物内。途经天王寺站的线路有JR环状线、JR关西空港线、JR阪和线、地铁御堂筋线和地铁谷町线。

推 ★★★★★
店内气氛★★★★★
交通便利★★★★★

🕐 排队时间：5~10分钟。

🕐 11:00—22:00，全年无休。

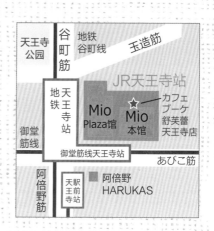

庆泽园
市区的幽静歇脚处

天王寺区从通天阁开始，经过天王寺公园一直到阿倍野。由于通天阁商圈的没落，位于大阪市区南隅的天王寺地区始终被旅客忽略，但是随着阿倍野HARUKAS超高大楼的落成启用，这个地区的旅游价值正越来越高。

除了阿倍野HARUKAS外，我格外喜欢位于天王寺公园内的庆泽园，参观庆泽园必须先从天王寺公园入口买票进去，当然，时间允许的话，可以顺便逛逛园内的美术馆和动物园。

庆泽园是座典雅的日式庭园，原属于住友集团，明治四十二年（1909年）开始建造，大正七年（1918年）完成，后来捐赠给大阪市，昭和十一年（1963年）对外开放。日本私人捐赠庭园给政府的义举相当普遍。

庆泽园属于日本典型的林泉回游式庭园，园中有假山、人工池、四季分明的植被、水池上的休憩茶庭等。也许有人会纳闷，为何我老是介绍这类人工庭园呢？请换个角度想，人类所建构的城市哪一座不是人工化的产物？又有哪一个夜景是天然景观呢？城市旅游又哪来天然景观呢？印度泰姬陵、杭州西湖雷峰塔、比萨斜塔……统统是人造建筑！也许这些庭园在某些人眼中看起来充满着

匠气，但所谓的匠气不也包含了不同时代的工艺水平、历史背景和社会结构吗？

日本是个忙碌的国度，尤其是大都市，城市旅游免不了遇到汹涌的人潮，闹中取静是旅程中不可或缺的元素，现代人的旅行往往无法达到放松的境界，主因在于马不停蹄的旅程中挤进了太多喧哗与热闹，也累积了越来越多的疲惫。

在让人疯狂吃东西、买东西的天王寺商圈旁，停下来走进庆泽园赏赏荷花，看看极具美学设计感的庭园，在茶屋内喝茶乘凉，找块草坪坐下来品尝刚刚入手的甜点战利品，假装自己是禅学大师，好好参详一下和式庭园，也不失为上上之选。

现实的人生很难停下来，何苦让旅行也掉入"马不停蹄"的陷阱呢。

参观信息

庆泽园

➡ JR 地铁天王寺站步行 7 分钟。

¥ 门票：300 日元。

🕐 9：30—17：00，
　　星期一休息。

机场前的美味句点，保证是个性的选择

昭和町站 | 面屋·彩々（昭和町总店）

日式辣味噌干拌面

辛味噌和え麺

交通：御堂筋线昭和町站出，右转步行50米
预算：730~1030日元
顺游景点：阿倍野HARUKAS

如果只是想讨读者高兴，或只写读者想要看的东西，那充其量只是报导而非创作，创作是会得罪人的，即便只是写写旅游饮食指南之类的文章。

吃了那么多B级美食，我想谈的是烹饪的本质。选餐厅，你认为厨师的经验重不重要？厨艺的精进完全来自经验的累积，站在拉面料理台旁10年的厨师，和只有两三个月煮面经验的工读生，你想吃谁煮的面？也许多数人会认为"这是什么选项""废话，这根本只是基本常识"，但我必须要说，许多人根本不懂也不在乎这些。

连锁拉面店难道就是美味的保险选择？

我始终纳闷，多数饕客去日本吃拉面时似乎不太挑剔，只要看到连锁拉面名店或在观光客间知名的面店，便一股脑儿地忘了心中对美食的那把尺。

试问，不会有人认为连锁店，如麦当劳或星巴克，是美食吧？这些店不强调烹煮经验的累积，只是以工厂般的标准作业程序（SOP）去"量产"食物，工读生和店经理煮出来的咖啡口味完全相同。

同样的，那些少则七八家，多则四五十家分店的连锁拉面店，煮面的人难道都是经验丰富的师傅吗？还是只是根据配方、中央工厂的汤头和标准作业流程制作拉面？说得老实点，这和泡面有什么两样？至少泡面还便宜点！

上机前，我的美味小句点

　　我个人很喜欢大阪昭和町的面屋·彩々，虽然不在闹市区，不过也只是天王寺的隔壁站而已。天王寺是大阪到关西空港的快车必经之车站，非常建议大家在旅程的最后一天在去机场前顺路品尝。面屋·彩々用餐时间排队人数相当多，我每次都挑13:30以后去，一来不用花太多时间排队，二来吃完回天王寺刚好搭上到关西空港的快车，替整趟日本关西旅程划上一个美味的句点。

　　面屋·彩々的面食种类大约有10多种，若严格分类只有三大类：盐味拉面（有清澄盐味、白鸡盐味、清澄酱油与味噌四种口味）、味噌蘸面以及味噌干拌面（和え麺）。

　　拌酱是味噌酱，并不咸得过分，撒在面条上的是柚子胡椒。以柚子和山椒提香，肉片肥厚，面条弹牙有劲。除此之外，这碗面还加上大量生菜、葱花，蔬菜与柚子胡椒双管齐下降低味噌拌酱的咸度。

美食信息

面屋·彩々

➡ 地铁昭和町2号出口，右转50米。

推 ★★★★★　店内气氛 ★★★☆　交通便利 ★★★★★

🕐 排队时间：5~10分钟。

🕐 11:30—14:30，18:30—20:30（卖完为止）；不定期休息。

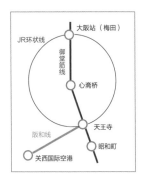

跟着食客点招牌菜

白鸡盐味拉面（白鶏塩ラーメン）
Paichi shio ramen 780日元

　　白鸡盐味拉面使用偏白的鸡汤汤头，搭配大量菠菜与葱花，鸡肉意外地没有那种熬煮过头的软烂，嚼劲十足，鸡汤汤头与多数拉面的豚骨汤头相比，比较清爽，也合乎中国人口味。

味噌沾面（味噌つけ麺）
Miso tsukemen 750日元

　　这碗面的决胜点不在面条，而在蘸酱本身使用的食材，除了应有的肉片以外，还可以吃到野菇、葱花、马铃薯，有点乡土锅物的风味，而且面条的分量相当大。菜单上分成大、中、小三种分量，但我奉劝食量一般者点小份就好，即便我这种大食量壮汉，中分量的面已然挑战了我的极限！

日式辣味噌拌面（辛味噌和え麺）
Karamiso aemen 750日元

　　我向各位郑重推荐日式辣味噌拌面。干拌面在日本料理中比较少见，出现在拉面店里更是稀奇。"和え麺"的读音是"Ae men"，品尝这碗纯日式干拌面后，还真想对上帝表达感恩，说声"阿门"呢！

阿倍野 HARUKAS

关西第一夜景高塔

　　城市旅游不外乎逛街购物、美食品尝、艺术宗教赏析与高楼眺望，比起东京拥有的晴空塔、新宿都厅、胡萝卜塔、六本木Hill、东京铁塔……大阪市区的高楼眺望景点显得稀少与单调，顶多就一座梅田空中庭园展望台，其高度也不过40层楼，而另外一座知名度不高的大阪府咲洲行政大楼展望台虽然高了点，但距离市区太远（搭地铁含转车步行的时间超过50分钟），且周遭没有其他值得顺便一逛的景点。

　　直到2014年3月7日，位于天王寺站正对面的阿倍野HARUKAS开幕，大阪终于出现一栋足以和东京晴空塔互别苗头的眺望大楼了。虽然东京的晴空塔比较高，但晴空塔只是电波塔而非大楼，阿倍野HARUKAS有60层楼，高达300米，一举超越横滨地标塔成为日本第一高楼。

　　更重要的是，它位于大阪市区的天王寺，对于观光客来说，到大阪逛街大多集中在心斋桥、难波、道顿堀或梅田等地，往往会忽略位于大阪市区南边的天王寺，下次造访大阪时，应该有个不同的选择了。

　　比起东京晴空塔，阿倍野HARUKAS可就平易近人许多，晴空塔一来票价比较高（成人2570日元），二来开放至今仍旧一票难

求。阿倍野HARUKAS展望台票价比较便宜（成人1500日元），其参观的热潮已经消退，无须事先预约，除非碰到假日或连续假期，否则随时可以买票上去。

展望台晚上有镭射表演秀，HARUKAS的59楼还有大片可席地而坐的木地板，比起没有座位且必须罚站的东京晴空塔，真是显示出大阪人体贴与务实的一面。

到日本关西旅游，天王寺的阿倍野HARUKAS可以安排在旅程的最后一天，因为不管旅游重心是京都、大阪还是神户，到关西空港总得经过天王寺这一站，可以在天王寺站中途下车，把行李寄放在天王寺车站或阿倍野HARUKAS百货，轻装简行前往昭和町吃面屋·彩々的味噌干拌面，到天王寺车站楼上的MIO百货品尝舒芙蕾，还可以过个马路到庆泽园，当然更不能忽略隔座天桥的阿倍野HARUKAS。

参观信息

阿倍野 HARUKAS

➡️ 天王寺车站东口正对面。

💴 成人1500日元、中学生1200日元、小学生700日元、4~6岁的儿童500日元、4岁以下的儿童免费。

🕐 9:00—22:00，全年无休。

来大阪，一定要找最地道的大阪烧！

上过"料理东西军"的福太郎大阪烧

お好み焼

交通：御堂筋线地铁南海难波站步行4分钟

预算：860~1980日元

顺游景点：黑门市场

大阪烧、广岛烧、月岛烧，日本有好多种"烧"类料理，看完这篇马上搞清楚！

在介绍店家之前，容我将日本各种"××烧"的名称与内容说明清楚。

首先，日文并没有任何食物被称为"大阪烧"，我们所认知的大阪烧在日本或日文中称为"お好み焼き"（Okonomi yaki），也可以简称为"お好み焼"，译成中文为"御好烧"，意思是随客人的意思搭配食材的什锦煎饼。

然而大阪烧并非起源于大阪，而是从东京传过来的，所以若读者写"大阪烧"问路人，应该会让日本人一头雾水。

大阪烧是将高汤调和在面糊里，再随客人的喜好加入各种食材。最基本的有高丽菜、豆芽菜、炸面糊屑、鸡蛋等，其他还可以加入牛肉、猪肉、鸡肉、章鱼、花枝、虾子、香菇、干贝、火腿、培根、洋葱等材料，放在铁板上反复煎炒成大约3~4厘米厚的煎饼，起锅摆盘前则会撒上柴鱼、红姜丝或海苔粉。

大阪烧的店家通常也会卖"葱烧"（ねぎ焼き，Negiyaki），顾名思义就是以葱为基底再加上各种食材制作而成。

还有一种被称为"广岛烧"，它的做法、食材与外观和大阪烧类似，广岛烧强调的是师傅的铲功，在广岛卖的煎饼叫作广岛烧，广岛以外的地方通称"御好烧"（お好み焼）。然而这两者其实也稍有混合，有时很难分辨出区别。

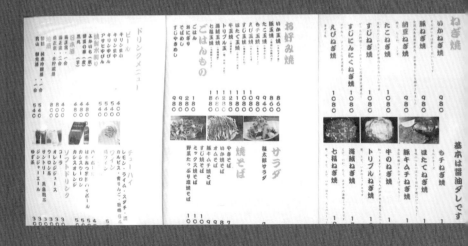

东京人和关西人因高度竞争，常在暗地里较劲。类似的煎饼，在东京则称之为"月岛烧"，顾名思义其发源地在东京月岛地区，月岛烧和关西的御好烧最大的不同在于月岛烧偏软，口感黏糊，有点像中国台湾的蚵仔煎。

明石的章鱼烧居然叫玉子烧！

除了御好烧、葱烧、广岛烧与月岛烧之外，日本其他称为"××烧"的食物可就截然不同了。最有名的是"章鱼烧"，章鱼烧又称明石烧，因为一开始章鱼烧的章鱼产地是濑户内海的明石港，可是，明石港当地的人却不称它为"明石烧"，也不称"章鱼烧"，他们称之为"玉子烧"。

问题来了，明石人的玉子烧看起来明明是章鱼烧，可是在明石以外，全世界的玉子烧都是"煎蛋"啊！所以，各位若有机会造访明石港口一带，看到"玉子烧"的招牌，千万别搞混了。

更让人容易混淆的是，日本从南到北还有一大堆用地名来命名为"××烧"的地方小吃，如富士宫烧、浪江烧、津山烧、太田烧、石卷烧……这些烧，其实全是由炒面变身来的。

经过解释之后，不知道你是更清楚，还是更混淆？至少，不会有人把它们与铜锣烧搞混吧！

大阪烧，翻面最困难！

　　大阪烧好吃的秘密在于食材和厨师的煎功，在煎烧的过程中必须将不同食材一层层地煎熟。先用面糊煎一张圆饼当底，然后再放高丽菜、豆芽和面糊屑，接着再放进客人所点的不同食材，如各种肉类海鲜，紧接着又得淋上面糊让食材凝在一起。最后，也是最困难的就是翻面这道工序，许多店家提供客人自助煎，但往往在翻面时前功尽弃，大阪烧煎成黑白烧（乱烧一通），在此还是奉劝大家，让专业的来吧！

　　不管是什么烧，吃法都大同小异，店家会给客人一把铲子，铲子的功能有三：一是如果客人觉得表面不够焦熟，可以自行在铁盘桌上翻面；二是用来切割大阪烧，其道理和切比萨一样；第三是大阪烧通常是情侣或友人一起分着吃，所以铲子可以当公筷。

绝对地道的大阪烧名店：福太郎

　　福太郎称得上是大阪地区数一数二的大阪烧专卖店，它位于大阪最热闹的难波日本桥商圈，不论从哪个方向望去，它的绿色招牌都十分抢眼。这里绝大多数时间需要排队，排队的方法是在店门口厨师面前的签到簿上写下姓名与人数，然后等服务生唱名带位。

　　名店福太郎虽然值得一尝，但绝对会让穿着光鲜亮丽的贵妇望而却步：

香喷喷的油烟充斥店家，煎烧味道浓到我竟闻不出隔桌在抽烟。除此之外，福太郎可说是零缺点。

这家店的招牌菜我比较推荐鸡脖子柚子胡椒烧，其实会点这道菜实在是因缘际会。隔壁桌客人点了这道菜，而我被那股柚子香深深吸引，于是我用蹩脚日文和肢体语言探询了隔壁桌，意外和这道佳肴结缘！

下次去大阪，我不一定会想吃大阪烧，但我肯定会再品尝这道鸡脖子柚子胡椒烧。介绍大阪烧的文章，竟然最后文不对题，跑题推荐下酒菜，人生嘛，何必事事循规蹈矩呢！

美食信息

大阪烧店·福太郎

➜ 堺筋线、千日前线日本桥站5号出口。

推 ★★★★★
　　店内气氛★★★★★
　　交通便利★★★★★

⏱ 排队时间：20~30分钟。

🕐 17:00—24:00，全年无休。

跟着食客点招牌菜

猪肉葱烧（豚ねぎ焼き）
Buta negi yaki 980日元

鸡脖子柚子胡椒烧（せせりの柚
子胡椒焼き）

Seseri no yuzugosho yaki 480
日元

豚玉烧（豚玉焼き）
Butatama yaki 860日元

老店的基本款是豚玉烧（猪肉加鸡蛋），猪肉精选鹿儿岛高级猪肉，与猪肉葱烧（猪肉加葱）一样讲究，尤其是猪肉葱烧已经连续两年在日本美食博览会上大放异彩。不过我认为，大老远到日本一趟，还是点一些材料丰盛的款式吃到饱吧。

除了大阪烧，福太郎还有特别的下酒菜。我特别推荐鸡脖子柚子胡椒烧，柚子胡椒并非胡椒，而是日本九州岛特产的辛香料，用柚子皮与青辣椒研磨调味而成，微咸微辣且能散发出柚子的清爽香气，能去腥去油腻。只放一点柚子胡椒，原本该有点油腻的鸡脖子吃起来竟能满嘴清爽。

葱烧类的人气排名是：

1. 猪肉葱烧　2. 牛筋红萝卜葱烧　3. 牛筋葱烧

4. 麻糬葱烧　5. 海陆三选综合葱烧（猪肉、花枝、虾子）

6. 乌贼葱烧　7. 牛肉葱烧　8. 泡菜葱烧

9. 七福葱烧（猪肉、干贝、牛肉、章鱼、蒟蒻、虾子、花枝7种食材混合）

黑门市场

逛菜市场，了解一个城市

　　"没有具有竞争力的市场，就无法成就一个伟大的城市！"这是我念了4年经济学留下的唯一印象，这句话也总是在我逛市场的时候浮现在我脑海中，如纽约雀儿喜市场、波士顿昆西市场、伦敦Borough市场、东京筑地市场、京都锦市场。要对大都市的文化一探究竟，必须了解当地的饮食，逛市场当然是最快速的方法。

　　到大阪想要逛市场，非得去黑门市场不可！和京都的锦市场相比，黑门市场摊商的陈列方式更有拍卖的气氛，而锦市场却比较拘谨。黑门市场处处吆喝叫卖的阵仗也显示出大阪商人之都的本质，充满着朝气和热络的交易，反观锦市场就比较含蓄。黑门市场除了食物食材以外，还贩卖其他生活杂货用品，锦市场则是偏重食物的贩卖，黑门市场多数可以试吃试喝，反倒与台北的迪化街有点类似。

　　除了生食与当场现买现吃的熟食之外，我对其中几家店比较感兴趣，如黑门市场内最大的24小时营业超市黑门中川，除了生鲜蔬果以外，还有面包、饼干、饮料以及一些简单熟食，比一般超市便宜许多，游客可以顺便买些简易熟食回旅馆当宵夜或隔天的早餐。

　　此外，我也喜欢到"よしや黑门市场店"去大采购，这是家平价和果子专卖店，专门贩卖大阪关西一带的平价糕饼，便宜的程度让人难以置信。有一大堆每包单价不到200日元的饼干水果。对于需要准备大量平价伴手礼的游客来说，在此添购肯定比到机场去买那些香蕉恋人、雷神三兄弟来得经济实惠。且标有黑门市场标志的大阪特产也比机场免税店伴手礼来得有诚意，至少让收礼的一方感受到送礼者专程到大阪黑门市场购买，而非在等飞机的时候顺便购买。

比较特别的是黑门市场的黑酱油，市场内许多店家都在售卖。因为是黑门市场的公会推出的自有品牌，瓶外标签上贴着一个"黑"字，但其实这是款带有柚子香味的酱油，想尝鲜的人可以带几瓶回国。

逛日本的市场还可以观察到日本人一丝不苟的精神，虽然是传统市场，却没有鱼腥味，且维持着干净清爽的地板，客人看不到一点厨余或垃圾，有百货公司的窗明几净，同时也具有传统市场的吆喝互动，逛市场的确是快速了解一个城市的方法。

参观信息

黑门市场

➡ 搭乘堺筋线（与千日前线）至日本桥站，从10号或8号出口出站皆可，走出地下通道出口便可看到黑门市场大招牌。

🕐 8:00就有商家营业，全部商家都会在10:00以前开张，17:00过后便陆续关门休息。

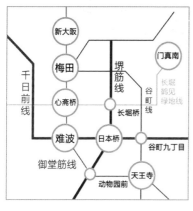

大阪的伴手礼就在这里买吧！

柠檬灿

れもんさん

交通: 堺筋线或京阪本线北浜站3号出口对面
预算: 1000~1500日元
顺游景点: 中之岛公园

从上一本《东京B级美食》到本书的撰写，几趟日本美食采访的过程让我感到相当愉悦，尤其是为了创作而去品尝自己从未吃过的食物，虽然不见得找寻到什么人生的大道理，但起码开拓了人生的胃口。为了真正挖掘出食物的美味以及尽可能品尝每家餐厅菜单上的各种美食，生怕自己不小心错过了些什么，更生怕自己会掉进餐厅的高名气陷阱而不自知，因此必须不厌其烦地再三品尝，每趟采访所吃下的食物都是寻常食量的两三倍，所以每次采访回来后的两三天内整个人便仿佛得了厌食症，完全对食物提不起劲儿。

直到我遇到位于大阪船场旁边的甜点店"五感"，竟然让我的"出差后厌食症"不治而愈。

大阪与东京的甜点店各有千秋，最大的不同在于人情味，没有一家大阪的店铺会排斥我这个不请自来的秘密采访者，他们对我在不影响其他客人的情况下采访拍照的请求欣然同意，这和东京一些不准拍照、不准发问，甚至限量出售的高姿态店家相较，真是通情达理太多，难怪大阪被称为"商人之都"。

好的伴手礼，保质期要够长

在日本选购伴手礼的最大问题不在味道，而在于保质期太短。

通常越是新鲜美味的甜点，保质期越短，有些甚至短到只有24小时，对于想要多带一些回国的旅人而言，只能直接放弃，而那些保质期

比较长的甜点伴手礼（如香蕉恋人、雷神三兄弟之类），在巷口的超市都能买得到，又何苦把自己搞成驮重物的牦牛，活生生将美食之旅变成运输之旅呢？

这家位于大阪的甜点店五感刚好替我解决了上述的两难困境，其中不少甜点的保质期长达10~30天，且不失其美味。

店名的由来

除了甜点，这家店更吸引我目光的是它的店名；店名"五感"代表五种从大自然起源的力量：火、水、土、风、爱。

火是窑火，代表职人热情。

水是大自然的起源，代表鲜度。

土是大地恩赐，代表食材来源。

风是季节，代表生生不息的更替。

爱是慈爱，代表农夫或厨人对食物的珍惜。

也许在不久的将来我们会逐渐遗忘甜点的滋味，但往后在面对食物、工作、爱情、家庭、人生与修身土，"火、水、土、风、爱"这五感值得我们反复思考。

跟着食客点招牌菜

柠檬灿（れもんさん）
Remonsan 183日元/个

让我的"出差后庆食症"不治而愈的，正是柠檬灿。这款蛋糕的外皮是层酸甜的柠檬糖霜，柠檬来自濑户内海的离岛岩城岛；内层则是香甜的海绵蛋糕，还飘着淡淡的蜂蜜味，蜂蜜产地在奈良与和歌山交界的山区。柠檬蜂蜜蛋糕内有柠檬碎屑，增加了清爽的滋味，真是不甜不腻，好吃！

五感黑谷物佛罗伦提焦糖饼
（五感こくこく）
Gokan kokukoku 540日元/5枚

五感推出的法式佛罗伦提焦糖饼（florentins）包裹着大豆、胡麻、小米和花生，飘散着各种坚果香。五感选用了对身体最好的坚果，外层的皮像"最中"，用的是北陆产的新大

正糯米。中间的馅料有丹波黑豆、胡麻和落花生，加上焦糖一起放进烤箱用低温慢烤，滋味香浓不甜腻，把欧洲的传统果子佛罗伦提焦糖饼和日本滋味做了最好的融合！

完熟芒果布丁（完熟マンゴープリン）
Kanjuku mangopurin 4104日元/盒

如果要送礼，我个人认为最讨喜的是这款完熟芒果布丁礼盒。其芒果来自日本离岛宫古岛，比一般日本南九州岛产的芒果更接近热带的风味，味道浓郁又带点青涩的酸香，类似台湾的土芒果。

大阪盐昆布煎饼（こぶしゃり）
Kobushari 540日元/8枚

值得一提的是大阪盐昆布煎饼。店家坐落在大名鼎鼎的大阪船场附近，大阪船场是日本历史最悠久的商业区，日本作家山崎丰子在其著作当中经常提到船场，特别是船场所贩卖的北海道昆布，这款大阪昆布煎饼还颇具地方代表意义呢！

五感招牌米年轮（お米のバウムクーヘン）
O Kome no baumkuchen 1000日元/盒

在五感必买的还有年轮蛋糕，共有2款，分别是和三盆年轮与宇治抹茶年轮。特别的是，这两款都是米制的。和三盆年轮使用的和三盆糖是一种原产自四国地方的黑砂糖，完全用手工精揉，结晶细致，吃起来甘润却有香味，是高级品的象征。抹茶使用正统宇治抹茶制成，所以很怕光，店家特地用遮光银纸包装。

美食信息

甜点店·五感

➡ 地铁堺筋线·京阪本线北浜站3号出口对面。

推 ★★★★★　店内气氛★★★★★　交通便利★★★★★

🕐 9：30—19：00，1月1日至3日休息。

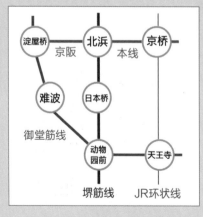

中之岛公园

不管春秋都有季节感的散步地

顺游景点

顺游景点

　　距离"五感·北浜总店"5分钟步行路程处有座中之岛公园，建造于明治二十四年（1891年），它其实是堂岛河和土佐堀川之间长约1.5千米的小沙洲，岛上有沿着河岸的步道和玫瑰花园，小岛上的主要建筑物有：

一、大阪中央公会堂

　　1918年完工的中央公会堂是中之岛地区的地标和日本的重要文化财产，设计者辰野金吾还设计了东京车站。公会堂有着巴洛克风貌的红砖外墙，和旧台湾大学医学院附设医院很相似。公会堂有段特殊的历史，原始捐款者是股票炒手岩本荣之助，但后来因为股市暴跌，不堪亏损的岩本荣之助自杀，无缘看到建筑物的落成。

二、大阪府立中之岛图书馆

1922年完工，捐款者是日本五大财团之一的住友集团，目前也列为日本的重要文化财产，建筑外貌有希腊神殿的风格，简直不敢相信图书馆竟然能被设计得如此出色。

三、大阪市立东洋陶瓷美术馆

比起公会堂、图书馆，1983年落成的东洋陶瓷美术馆要新颖许多，号称东洋是因为馆内收藏了许多来自中国与朝鲜的陶瓷艺术品，最古老的收藏品竟然是东汉的绿釉和三国时期的青瓷。美术馆馆藏中多数陶瓷艺术品来自住友集团的捐赠，让我再次看到大阪商人对国家和城市的热爱。

四、なにわ桥站

这座由建筑大师安藤忠雄操刀设计的"なにわ桥站"，为中之岛增添了新旧并陈的美感，"なにわ桥站"的入口不大，造型呈圆弧状，波浪形的电扶梯把手除了安全外也饶富设计感，地铁站内挑高为两层楼，和大部分老旧大阪地铁站相比，少了太过低矮的压迫感，站内原木色系的墙面给人温暖的感觉，让地铁不再只是冷漠的通勤工具。

漫步在中之岛公园，除了体会不同时期的建筑之美外，更让我心动的是大阪这个城市的亲水性，河流两旁的公园与建筑以一种协调的方式共存共荣，河流自然地陪伴在市民身边，河流上方的凉风和鸟群很自然地成为城市的一环。

回到中国台湾尤其是台北，基隆河、淡水河、新店溪与瑠公圳，不是被填平、加盖就是筑起高耸的堤坝，沙洲上不见公园古迹，只见废弃工寮，美丽的河流与水道被阻绝于视线与生活之外，直到我们走向世界，才恍然大悟：

"台北的景致，不该是它呈现给我们的那样，我们要推倒那些人工筑起的堤坝，还其自然面目！"

参观信息

中之岛公园

➡ 御堂筋线·京阪电车淀屋桥站、地铁堺筋线·京阪电车北浜站1号出口。

🕐 全天开放。

KOBE

神户、明石、姬路
古意盎然，返回昭和初期
不假修饰的风情

令少女心神荡漾的甜点城市——神户

三宫站　巧克力专卖店·Caffarel Cioccolato（北野北店）

可爱到怦然心动的伴手礼

オリジナルギフト（グランデ）

交通：JR东海道本线三宫站下车，从西口出站，步行10~15分钟
预算：1500~2500日元
顺游景点：北野异人馆

神户是日本洋化得最早也最彻底的都市，饶富盛名的美食不外乎牛排和甜点。然而比起关西另外两个地方的极品牛肉——近江牛肉与松阪牛肉，神户牛排只能屈居其下，但神户地区的甜点水平，绝对是日本第一。

关西从以前就是甜点店的激战区，从神户、芦屋，经过西宫到大阪，聚集了无数家甜点店，种类应有尽有。神户甜点的崛起可追溯至明治时期，日本与美国签订通商条约，打破锁国政策后，第一个通商的港口神户，快速引进了各种技术，打下了厚实的根基，促成了日后神户甜点百家争鸣的局面。

神户地区的"神级"甜点店随便列举就有几十家，这些必吃店家多集中在北野。北野从19世纪起就有许多外国人定居，也是日本最早洋化之地，要说北野是全日本甜点最棒的地方也不为过。

全日本独一无二的巧克力蛋糕套餐

北野有日本重量级的甜点店，是国际知名连锁店的激战区，各知名甜品店都争相来这里开店，抢夺一席之地，吸引全日本甜点迷来此朝圣。

我推荐的是一家略微远离北野异人馆观光人潮的巧克力名店"Caffarel Cioccolato"，Caffarel是意大利的百年巧克力品牌，在全球有许多分店，而它在日本的总店则选择开在北野，可见北野在世界甜点界的分量。

当然，Caffarel巧克力全世界都买得到。我之所以会推荐Caffarel的北野总店是因为全日本只有在这里才能品尝到限定堂食、独一无二的甜点套餐。

首先厨房的师傅会将蛋糕加热，然后配上各种时令水果，接着会根据不同蛋糕搭配不同的冰淇淋和酱汁。如覆盆子巧克力蛋糕会搭配卡司达酱，水果系列的蛋糕（如水果塔）则会淋上巧克力酱，非巧克力系列蛋糕则会搭配巧克力冰淇淋，巧克力系列蛋糕则会附上水果系列的冰淇淋。不论是顺滑的卡司达酱还是浓郁的巧克力酱，入口后总是瞬间融化于舌尖之上。

除了在蛋糕套餐上多样搭配展现缤纷色彩外，厨师也会巧妙利用一团团鸟巢般的糖丝将它们制作成装饰品，营造出迷幻的甜点世界，让人心甘情愿流连于师傅的手艺与甜味中，忘却人间所有的不愉快。

菜单有附图，点餐不会太困难，要注意的是，在店内点了盘装蛋糕套餐后，其中的蛋糕可任选，但因包含了蛋糕、水果、冰淇淋与糖丝，价格会比柜内的标价贵一些。

　　这里大约有二三十种蛋糕，半数以上是巧克力口味，包括欧贝拉蛋糕（Opera）、巧克力慕斯、巧克力塔（Tarte Chocolat），以及草莓蛋糕与栗子蒙布朗（Mont Blanc）等。

　　我有幸品尝了一道名为Ape的蛋糕。Ape的外表很像黄色土星与其星环，金黄色蛋糕体的基底味道是柑橘味与金橘味，它的酸味很有层次感，除了柑橘味与金橘味之外，还有淡淡的柠檬香，平衡了巧克力的苦涩，堪称完美融合。

　　店家每个季节都会推出不同款式的蛋糕，如席布斯特（Chiboust），这种甜点一定要尝尝看，是由意大利蛋白霜、卡司达酱和吉利丁制成的慕斯。比起其他店家，它的席布斯特比较软，口感介于慕斯和舒芙蕾之间，佐以巧克力冰淇淋、草莓与红莓酱，再将糖丝装点其间，宛如画作的美丽模样让人百看不厌，也舍不得吃下去。它的甜点厨房是开放的，客人不仅可以看到料理中的厨师，也闻得到刚出炉的新鲜糕点香。

伴手礼买了没?

　　除了用餐区以外，这家店还有Caffarel进口巧克力售卖展示区，可爱的巧克力包装外形比较吸引我。至于味道，我充其量只能感受到浓郁的巧克力香和淡淡的威士忌味道。昂贵的巧克力到底能不能代表情人的心意呢? 有人说巧克力的味道就是情人味，但总有许多人始终无法辨别情人味与人情味，所以巧克力才会产生苦涩与香甜交织的暧昧。

跟着食客点招牌菜

盘装甜点套餐（お皿盛りドルチェ）
Sara-mori doruche 1260日元

　　店内除了贩卖Caffarel巧克力之外，还有各式各样的蛋糕套餐。它的蛋糕有两种吃法：一是直接外带，一是在店内品尝，客人可以先在橱窗内选择想要吃的蛋糕，选好之后，店员会把蛋糕拿到厨房进行二次料理，别小看这二次料理，这可是甜点师傅功夫最极致的展现。

美食信息

巧克力专卖店·Caffarel Cioccolato

➡ JR东海道本线三宫站下车，从西口出站，朝远方有山的那一边走过去，经过生田神社，在中山手通过马路左转，走到NHK放送会馆十字路口右转往上坡走，在第一个路口看到北野工房就到了，Caffarel位于北野工房的对面。如果找不到路，问路的诀窍在NHK放送会馆与北野工房，这两个地点的汉字和中文一模一样，很方便与路人笔谈问路。

推 ★★★★★　　店内气氛★★★★★　　交通便利★★★

⏱ 11:00—19:00，周三休息。

顺游景点

北野异人馆
日本的小清新

对去日本的旅游者来说，神户只是个附属的旅游地点。虽然神户位于日本的地理中心，并且是日本第六大都市，但神户不过是关西旅行中的点缀，来者多半是为了附近的有马温泉（大关西地区最方便的温泉区），或为神户牛排而来。

正因如此，没有太多观光客的神户反而能保持原汁原味：没有东京的喧嚣，没有京都的观光化，没有大阪的虚张声势，也不像札幌那样单调。

或许可以用"日本的小清新"来形容神户吧！

神户除了有马温泉、神户牛排以外，更值得一游的是北野地区，如果时间上只能选择单一地点，北野异人馆一带是我推荐的绝佳游憩点。

从新神户车站延伸出去的北野通与北野坂是北野地区最主要的两条散步道路，沿途充满了欧风、人文氛围的小清新店铺，北野地区是外国人入住本州岛的首个落脚处，至今仍保留了许多当年欧美人打造的居住宅邸。其中最有名的是风见鸡馆，它原本属于德国的贸易商人，建筑外形完全是德式风格。此外还有英国馆、丹麦馆、法兰西馆、萌黄之馆（由美国总领事建造）等各个国家、风格迥异的建筑物。

日文中"异人"是外国人的意思，北野异人馆是泛指北野地区这些具有外国风格的建筑物，并非是一个被称为北野异人馆的特定

建筑物，我第一次到神户便闹了笑话，还问了当地人"北野异人馆怎么走"这个蠢问题。

除了充满异国情调的异人馆之外，北野坂也很值得花点时间细细游览。小路两旁聚集了许多典雅脱俗的咖啡厅和日本味十足的小物店铺，整条街道充满了悠闲的气息，身边的人群不赶时间，总是漫步在街头，有种让人渴望时间冻结的魅力。

参观信息

北野异人馆

➡ 从西神山手线的新神户站走路约10分钟便可以抵达北野地区，搭乘JR山阳新干线的游客在JR新神户站下车，JR列车与地铁的新神户站并没有完全连接在一起，两站之间的步行距离约10分钟。

¥ 北野大部分异人馆都需付费参观，想要节省费用，可以购买套票，如2馆券（风见鸡馆+萌黄之馆）、3馆券（丹麦馆+鳞之家+荷兰馆）……甚至还有9馆特选入馆券，买一张套票可以游览9座异人馆。

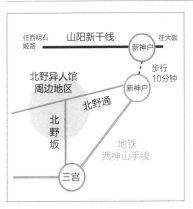

章鱼烧的起源地就在这里！

明石站 **明石烧店·松竹**

花五十年淬炼出的味道：特别玉子烧

とくべつたまごやき

交通：搭JR神户线往姬路方向，在JR明石站下车
预算：700日元
顺游景点：明石夕照

　　日本的章鱼多数产自明石港附近的濑户内海，所以传说章鱼烧其实是缘起于明石烧。然而，现在的章鱼烧却和明石烧有很大的区别。

　　二者的共同点都是以面糊、蛋汁与章鱼为食材，然后利用铁盘将食材混合后烧烤而成。二者的差异点则很多，例如明石烧会加高汤一起烤，不蘸酱汁，强调原味；而章鱼烧则加入大量酱汁，吃起来有很浓的酸甜风味。再者，明石烧不撒柴鱼片，也不撒调味粉，会附上香菜让客人随意添加；而章鱼烧却会洒上海苔粉、七味粉或抹茶粉。

好吃的明石烧，讲究在高汤

　　明石地区（包括明石、西明石与舞子一带）的明石烧餐厅很多，我特别喜欢去位于明石车站旁边的超过50年历史的老店松竹，它离明石港比较近，食材新鲜，汤头走的是淡雅清香的路线，以出汁（だし）为汤底。出汁是日本料理界独有的高汤，大部分用鲣鱼干及干海带熬煮而成。

靠近海产地就是不一样，在明石吃的明石烧，章鱼脚分量很大。反观章鱼烧（特别是大阪闹市区那些名店的），章鱼脚的分量就逊色许多。

> **明石烧吃法3步骤**
> 明石烧不像章鱼烧会烫舌，吃到最后也可以把整颗明石烧泡在高汤里一起吃，让人一次能品尝到干烧与泡汤两种口感。

在碗内加入香菜

倒入温度不高的出汁（高汤）

将明石烧放在高汤内蘸着吃，稍微降温

我并不习惯章鱼烧中酸酸的伍斯特酱与黏糊糊的美乃滋酱，所以我宁愿花时间搭车到明石去品尝明石烧。明石烧那接近蒸蛋的口感，再搭配上高汤，这样的味觉体验让我终生难忘。

品尝了松竹的明石烧之后，只能套用一句偶像剧的台词："我回不去了！"

和章鱼烧大不同，明石烧可以当正餐吃

明石烧的外皮比较软，制作时用小火，等待时间比较长，所以较少有店家以路边摊的形式贩卖。而大阪的章鱼烧则会用大火烤到微焦，烧烤时间比较短，卖路边摊才热闹。明石烧的分量大，一份10~20个不等，所以明石人拿来当正餐。然而一份章鱼烧通常只有6~8个，被关西人当成点心。

美食信息

明石烧店·松竹

🔜 搭JR神户线往姬路方向，在JR明石站（不是西明石站）下车，从JR明石站南口出站，左转后步行100米，看到明石ときめき横町的招牌后走进去，第一家就是松竹。

推 ★★★★★　店内气氛★★★★
交通便利★★★★★

⏲ 排队时间：0~10分钟。

⏰ 营业时间：11:00—20:00，
周三休息。

特别玉子烧
Tokubetsu tamagoyaki
700日元/15个

　　松竹的特别明石烧吃起来相当有饱腹感，所谓特别就是加了两倍的蛋和章鱼，不仅香味加倍，吃起来像云一样的膨松感更是让人体验到入口即化的口感。特别版才多了100日元，好不容易来一趟的人一定要选特别版，绝对物超所值。

明石夕照
独占吊桥上的海天一色

明石地区的旅游信息有点复杂，可以用这段口诀厘清：

明石大桥在舞子
明石烧去明石吃
新干线停西明石

不论起点是神户、大阪、京都，还是另一个方向的姬路，到明石地区吃喝玩乐的交通方式有两种：一是搭JR神户线，二是搭山阳新干线。如果搭乘一般JR神户线，可以先在舞子站下车，观赏鼎鼎大名的明石大桥的夕阳后，再从舞子站搭JR神户线班车往姬路方向在明石站下车品尝明石玉子烧。

然而，如果选择的交通工具是新干线，就要在西明石站下车换乘往神户方向的一般JR神户线列车，先在明石站下车吃明石玉子烧，然后再搭同样往神户方向的JR神户线到舞子站的明石大桥。为什么如此麻烦？因为新干线和JR线所停靠的站并不相同。

从京都搭山阳新干线到西明石站只需39分钟，到西明石站再搭JR神户线（就是慢车）的上行方向列车到明石站或舞子站其实都只要几分钟的车程。要特别留意的是，并不是每班新干线都会停靠西明石站，出发前一定要留意时刻表。

全世界跨距最大的悬索桥

出了舞子站以后要干什么？欣赏明石大桥的落日！一般团体旅程一定会先到明石大桥再去姬路，然后走回头路到神户，只是这样会错过明石大桥的夕阳。

美丽的夕阳一定伴随着景、物、人三大元素。世界上著名的观夕阳景点有马来西亚的沙巴、希腊圣托里尼岛的伊亚城等。落日之美首先一定伴着景，譬如外海的岛屿、泥沙层层堆叠形成的潟湖，当落日的金黄余晖即将被外海小岛的山头遮挡，或一圈圈地倒映在潟湖上，落日与自然景色共同谱出特殊的光芒；落日之美的第二个元素在于物，这个物代表着人为的建筑或船舶，如星罗棋布的渔火与灭绝瞬间的光影所搭配出来的气氛，或是特殊建筑如远山的寺庙和桥梁所构筑出的灯光美、气氛佳的造景；当然，最后一个重要元素就是人，夕阳下若能有伴随恋人、父母携子的温馨，人对了，夕阳就美了。

明石大桥对岸是淡路岛，有了地形的烘托，加上大桥下行驶而过的轮船列队，便有了最佳的跑龙套角色，再加上明石大桥本身，一起谱出绝佳的夕阳美景。

背景有了，龙套有了，主角有了，夕阳的灯光打起来了，你要带谁走进这片光的魔幻呢？

海平面289米的震撼体验

明石大桥两座支撑缆线的主塔相距2000米，主塔高289米。晚上大桥多变的彩色灯光别具魅力。令人惊讶的是，历经神户大地震，大桥依然屹立不倒（据说能耐8.5级强震），可见日本造桥技术之神奇。

时间宽裕的旅人，可买张票去明石大桥的舞子海上步道验证一下自己有无恐高症，或是登上距离海面289米高的桥塔顶端，俯瞰360度无死角的海岸美景。全长47米而且还装有透明玻璃，可以透过玻璃看见波涛汹涌的明石海峡。时间更充裕者可以在明石大桥上的公交车站（在舞子站前方有电扶梯可以上到明石大桥）搭乘公交车到淡路岛的梦舞台。

参观信息

明石大桥

➡ 不论起点是神户、大阪、京都，还是另一个方向的姬路，到明石地区吃喝玩乐的交通方式都有两种：一是搭JR列车，二是搭新干线，如果搭乘一般JR神户线，可以先在舞子站下车，观赏鼎鼎大名的明石大桥的夕阳后，再从舞子站搭JR列车往姬路方向，在明石站下车品尝明石玉子烧。

¥ 舞子海上步道300日元。

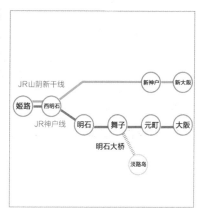

游姬路城，就在这里歇脚吧！

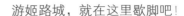

JR姬路站　日本庭园餐厅·好古园活水轩

配一整片落地好窗景的鳗鱼饭

穴子弁当

交通：从JR姬路站步行15分钟可到，或从姬路城步行2分钟
预算：1550~2570日元
顺游景点：姬路城与好古园

我前前后后一共游访过姬路5趟，吃饭一直是我最大的困扰，倒不是姬路地处偏远，而是姬路城、姬路文学馆与好古园一趟下来，至少得花上五六个小时，而且姬路城距离姬路车站和闹市区约有十来分钟的步行路程，总不能为了吃顿饭来来回回多走好几趟路。所以往往得缩短参观时间并在回程路上用餐，或干脆到神户或明石吃饭，不然就只好到姬路城对面的那一排餐厅吃饭，但那一排餐厅多半是观光团用餐的地方，餐食质量自然不太好。

到姬路玩，再也不必为吃烦恼

直到我发现了位于好古园内的庭园景观餐厅活水轩，这种情况才改变。如此一来，不仅可以安排一整天的参观，而且无须多耗上半小时回姬路车站吃饭，也不用和团体客人挤人。

省钱自由行也能享受的华丽庭园美食

关西人对吃饭的环境讲究，所以京都处处能见到庭园式或景观流水

的餐厅，有名的有俵屋、鸭川纳凉床上的料亭，或者祇园一带的和风庭园餐厅，只不过，这些知名的京都景观庭园料亭，价格只能用"吓死人"来形容，如果你不想面临吃顿饭比廉价航空机票的花费还要多的窘境，最好别轻易尝试。

但是活水轩不一样！除了解决了姬路的用餐问题外，也让我们这些自由行贫穷客能享受到兼具平价与和风庭园氛围的日式华丽套餐。

活水轩的套餐已经接近日本温泉旅馆的怀石料理，虽然料理的款式没有怀石料理来得多样，但也有高级漆器餐盒、缤纷的精致小碟、清淡高雅的芝麻豆腐、浓郁的山药泥，搭配绝不可少的精选京野菜渍物，再加上餐厅落地窗外传统回游式庭园的景观与水池边缘四季分明的植被：春樱、夏绿、秋枫和冬梅，每道食材都因为搭配着美景而增色不少。

坦白说，若是只谈料理，这里的鳗鱼饭比不上大阪、京都市区的名店，荞麦面也无法与产地的相比。但我推荐你用另外一种角度来欣赏活水轩，在这里不仅可以吃得到美食，还能感受到造景和日式套餐相映生辉的华丽感，这些是无法用价格来衡量的，如果你是十分在乎食材美味的人，我不建议你造访，如果你只是想找个诗情画意的庭园让心情放松，来份既能满足视觉享受需求又能填饱肚子的餐点，那么除了活水轩怕是没有别的选择了。当然如果你想省点钱，也可以只点杯饮料。世上并没有100%的完美，自己想要什么？自己能要什么？必须牺牲什么？搞清楚，世界就简单多了！

跟着食客点招牌菜

鳗鱼饭（穴子弁当）

Anago bento 1575日元

　　鳗鱼饭和素面都是所谓的播州名物。选用濑户内海播州滩捕获的鳗鱼，以备长炭火慢火烧烤，烤出上好的油脂香气。

美食信息

日式庭园·好古园活水轩

- 从JR姬路站步行15分钟可到，或从姬路城步行2分钟。

- 推 ★★★★　店内气氛★★★★★
交通便利★★★

- 旺季时需要排队。

- 10:00—16:30（用餐时间从11:00开始）。

好古园
姬路城的美丽后花园

多数到关西地区的旅游者不会错过姬路，尤其是姬路城。然而绝大多数人往往会忽略姬路城旁边的好古园。

好古园正式名称是姬路城西御屋敷迹庭园好古园，是一座传统池泉回游式（注）的日本庭园，建于1618年，经过多次翻修重建才有今天的面貌。庭园采用借景式的设计，日式庭园的造景无外乎缩景、造景、修景与借景，其中借景是把外部的山林景观作为庭园的背景，是日本庭园艺术很重要的一门手法，好古园所借的外部景观当然是姬路城。

好古园的入口小小的，每次我都误以为是哪个有钱人的私人花园，但当我走进去时才发现园内别有洞天。好古园占地虽然不宽广（约4万平方米），但通过巧妙的造景技术，隔出了好几个各自独立的景观空间，如具有最典型池泉回游式造景的御屋敷之庭，让游客宛如置身千年前日本的渡り廊下（走廊）中。还有具有中国唐风的筑山池泉之庭，可眺望姬路城天守阁的夏木之庭和可媲美京都岚山竹林的竹之庭、松之庭、花之庭与双树庵。就算只是走马观花，也至少需要2小时。

用"空间魔术师"来称赞好古园的设计者最贴切不过，转个弯就有小桥流水，穿扇门可见典雅茶

注：以泉水、池塘、假山、枯山水为主体的花园，这类庭园中最负盛名的是金泽兼六园和冈山后乐园。

屋，隔座矮墙便有成片的竹林映入眼帘，推开斑驳木门就能走进日式长廊。园内看不见现代的钢筋水泥，一砖一瓦完全仿古。

参观信息

好古园

- ➡ 从神户或大阪搭乘山阳新干线或JR神户线在姬路站下车。从JR姬路站直走8~10分钟，距姬路城入口1分钟步行路程。

- ¥ 成人300日元、中小学生150日元。

- 🕐 4月下旬至8月31日9:00—17:30，9月1日至4月中旬9:00—16:30；12月29日至30日休息。

姬路城
优雅白皙的世界遗产

我曾经在某本小说中读到关于姬路城的描写："姬路市在二战期间被无情地轰炸，几乎被炸成了废墟，当人们在绝望的火焰与烟雾中看到了仍然屹立不倒的姬路城时，整座城里存活下来的人都流下了名为'坚持'的眼泪。"

旅游文章的撰写其实可以很浪漫，但我不喜欢这样。

从现实层面来看，姬路是当时日本军需工业的大本营，一定会成为美军的首要轰炸目标，姬路城又是姬路地区最明显的地标，怎么可能会有投弹不准的失误？从不断解禁的史料中可以看出姬路城不被轰炸的原因是美国轰炸机的飞行员需要它作为飞行坐标，从城堡往东可以飞抵大阪与神户的工厂，往西可以去轰炸广岛的造船厂和军港。

被轰炸的一方得用感性浪漫来抚慰人民的伤，就好像算命师傅将对失恋、失意、失业者的说辞赋予类似宗教的精神寄托，凡是真相都不会太美丽，睁一只眼，闭一只眼让虚构的说辞去蔓延，好像也不是坏事。股市需要童话，熟女需要化妆，明星需要包装。人若想活得柔软，有些事情，就别知道得太多。

日本第一个被选入《世界遗产名录》之处

不管如何，姬路城能保存下来，是值得高兴的。

"姬路"这两个字总使我想起家人，我找不出比她更美丽的日本地名。寂寞的旅人不适合来这里旅行。

日本的古城何止千百，姬路城被称为日本第一名城，不仅因为它是日本现存最大的城郭建筑，而且还因为它兼有德川幕府建立平定天下威信的政治效用。

16世纪时的藩主以姬路城为战略据点，以螺旋式的建筑方式增强防御功能，其低矮门框及城楼内机关满布的构造，都令城池难以攻陷，所以姬路城建城500年来从未受到过攻击，赢得"不战之城"的称号。1993年，姬路城被联合国教科文组织评选为世界文化类遗产，也是全日本第一个被选入《世界遗产名录》的景点。

姬路城的确是个易守难攻的关卡，除了城郭盖在高地上以外，它的楼高至少有六七层楼，去过姬路城才知"城府很深"这四个字怎么写。穿梭在城寨楼高6层的天守阁，再穿过没完没了的狭道、矮门、高墙、箭门、炮台，步步藏着杀机，城内的设计根本就是要蓄意扰乱那些不速之客的心绪。

在到达姬路城主体建筑之前，得先走进弯弯曲曲如同迷宫的坂道里，若你是数百年前城主的敌人，恐怕在这些坂道上就会中好几道埋伏；不过话说回来，当人爬到最顶楼时，不免要同情起从前的藩主——他绝对是全世界最没安全感的人。

从姬路车站到姬路城的距离很近，可以走路也可以搭公交车，公交车的指引很显眼，站牌与公交车上都会标明"姬路城"。姬路城到姬路车站的路旁种植着整排的银杏与樱树，在移动中也能顺便体会一下日本小型城市恬静、干净且平整的街廓。

参观信息

姬路城

➡ 从新大阪车站搭乘山阳新干线，约37分钟抵达姬路站。或者在大阪车站搭乘JR列车，车程约60分钟。从姬路车站东口步行约15分钟可抵达姬路城。

Sc**h**edule

美食旅游路线

依照不同时间、偏好、玩乐形态，
推荐5种无脑行程

大部分旅客到日本旅游的时间有限，多数以 4~7 天为限，在这么短的时间内肯定无法吃遍本书列举的美食，必须要分批多次，同时必须具有明确的目的性，才有可能完食书中所有美食。

考虑到这点，我特别规划了几个行程，好让各位读者能依据自己的时间、喜好与旅游形态，进行短期的美食之旅。若能善用交通作出有效率的安排，相信绝对可以排出一趟充满美味的旅程。

由于多数餐厅与景点的休息日几乎都排在周一、周二或周三，所以我安排出这几趟从周三出发的短期行程。事先帮大家剔除餐厅休息日是为了避免好不容易到了当地却扑一场空的状况，使你的旅途能有最具效率的行程安排。

在交通方式的选择上，关西地区虽然有各种交通票券，但我比较喜欢、也建议各位使用 JR 列车。因为一来 JR 列车分布的范围比较广，二来万一想中途改变行程，搭乘 JR 列车也比较有弹性。在关西地区使用 JR PASS（日本铁路周游券），最常用也最方便的有两种：关西 4 日券与全国 7 日券。这两种都可以使用来回一趟的关西空港特快，方便旅客进出关西空港。但两者最大的不同除了区域之外，即在于 JR 列车关西 4 日券不能搭乘新干线，其使用范围包括京都、大阪、奈良、神户到明石、姬路等地。

虽然不能搭乘新干线，但如果懂得搭乘 JR 列车的新快速班车，其实花费的时间也不会太久，例如京都到大阪的时间不过 0.5 小时，大阪到神户与姬路也不过需要 25 分钟与 1 小时。且 JR 列车的班次比较密集，以贯穿京都、大阪、神户的 JR 神户线（或称京都线）为例，每 1~3 分钟就有一班列车。

推荐行程 1：闪电饕客路线 〔使用 JR PASS 关西 4 日券〕

第一种使用 JR PASS 吃遍关西的行程，我取名为"4 日券闪电饕客"。

顾名思义：请把行程视同闪电作战，把吃到美食作为誓死必达之任务。

但我不希望读者因为太过匆促，忘记了外出旅游就是为了放松身心。因此只举出"一家就足够"的重点店家，在行程中多余的时间里，请尽量放慢脚步，欣赏当地城市景观。由于天数较少，而各城市都有其代表性店家，因此该行程规划尽可能用走马看花的方式玩遍、吃遍关西地区主要城市。为了方便起见，建议下榻 JR 关西空港特快第一个停靠站——天王寺站附近的旅馆。

周三（建议住在天王寺）

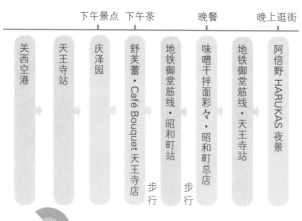

周四

早上景点　　午餐　　　下午景点　　　晚餐　　　晚上逛街

天王寺站 ➡ JR环状线·大阪站 ➡ JR神户线·姬路站 ➡ 姬路城或好古园 ➡ 鳗鱼饭·好古园活水轩 ➡ JR神户线⟹舞子站 ➡ 明石大桥 ➡ JR神户线⟹西明石站 ➡ 明石玉子烧·松竹 ➡ JR神户线·神户站 ➡ 神户夜景 ➡ JR神户线·大阪站

步行

周五

早上景点　午餐　　　　　下午茶　　下午景点　晚餐

天王寺站 ➡ JR环状线·大阪站 ➡ JR京都线·山崎站 ➡ 大山崎美术馆 ➡ 贵妇套餐·Restaurant Tagami ➡ JR京都线·京都站 ➡ JR奈良线·宇治站 ➡ 宇治金时·中村藤吉总店 ➡ JR奈良线·稻荷站 ➡ 伏见稻荷大社 ➡ 稻荷寿司鳗鱼饭·祢ざめ家 ➡ JR奈良线·京都站

接驳公交车　　步行　　　　　　　　　　注2　　　　　　　步行

注1

注1：并非所有的JR京都线班次都停靠山崎站，特急列车与新快速列车不停靠山崎站，读者请在
　　　月台上看班次停靠站信息。
注2：JR奈良线所有列车皆停靠宇治站。

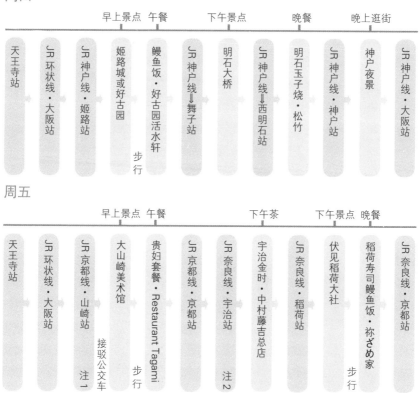

周五　　　　　周六

宵夜　　　　　　　早上景点　伴手礼　　　午餐　下午景点

中华拉面·本家第一 ➡ JR京都线·大阪站　　　　天王寺站 ➡ 地铁御堂筋线·动物园前站 ➡ 地铁堺筋线·北浜站 ➡ 中之岛公园 ➡ 柠檬灿·五感（北浜总店）➡ 地铁堺筋线·日本桥站 ➡ 大阪烧·福太郎 ➡ 黑门市场 ➡ 搭出租车回天王寺住

步行　　　　　　　　　　　　　　　　　　　　步行　　　　　　步行

推荐行程2：7日吃透透路线 使用 JR PASS 7 日券

　　第二种是用JR PASS 7日券吃遍关西的行程，我取名为"7日券吃透透"。JR全国7日PASS可以遍及全日本，所以尽可能搭乘新干线，不仅可节省出最多的交通时间，也可享受高速铁路带来的不同体验。如果想要走得远些，也可以取消其中一两天的行程，改到山阳地区如仓敷、冈山或名古屋，能够更迅速概览整个关西地区。在住宿方面，建议选择大阪站或新大阪车站附近的旅馆，因为接近交通轴心和向外发散的各条路线，更方便整场旅行规划。

周三（建议住在新大阪站附近）

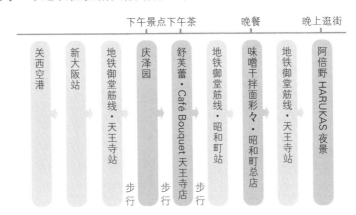

下午景点下午茶　　晚餐　　晚上逛街

关西空港 → 新大阪站 → 地铁御堂筋线・天王寺站 → 庆泽园（步行）→ 舒芙蕾・Café Bouquet 天王寺店（步行）→ 地铁御堂筋线・昭和町站（步行）→ 味噌干拌面彩々・昭和町总店 → 地铁御堂筋线・天王寺站 → 阿倍野 HARUKAS 夜景

周四

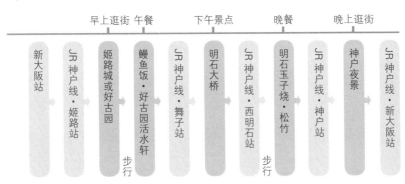

早上逛街　午餐　　下午景点　　晚餐　　晚上逛街

新大阪站 → JR神户线・姬路站 → 姬路城或好古园 → 鳗鱼饭・好古园活水轩（步行）→ JR神户线・舞子站 → 明石大桥 → JR神户线・西明石站 → 明石玉子烧・松竹（步行）→ JR神户线・神户站 → 神户夜景 → JR神户线・新大阪站

周五

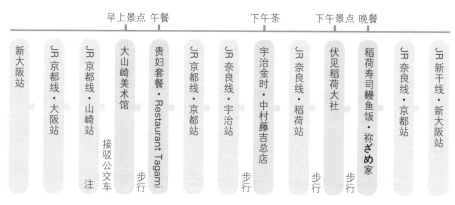

	早上景点	午餐		下午茶		下午景点	晚餐	

新大阪站 ► JR京都线・大阪站 ► JR京都线・山崎站（接驳公交车）（注） ► 大山崎美术馆 ► 贵妇套餐・Restaurant Tagami（步行） ► JR京都线・京都站 ► JR奈良线・宇治站 ► 宇治金时・中村藤吉总店（步行） ► JR奈良线・稻荷站 ► 伏见稻荷大社（步行） ► 稻荷寿司鳗鱼饭・祢ざめ家（步行） ► JR奈良线・京都站 ► JR新干线・新大阪站

注：部分JR京都线的班次不停靠山崎站。

周六

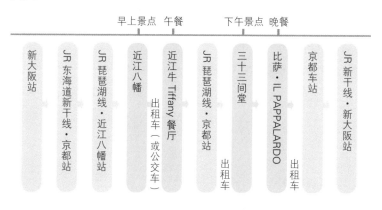

	早上景点	午餐		下午景点	晚餐	

新大阪站 ► JR东海道新干线・京都站 ► JR琵琶湖线・近江八幡站 ► 近江八幡 ► 近江牛 Tiffany 餐厅（出租车（或公交车）） ► JR琵琶湖线・京都站（出租车） ► 三十三间堂（出租车） ► 比萨・IL PAPPALARDO（出租车） ► 京都车站 ► JR新干线・新大阪站

周日

	早上景点	午餐	下午景点	下午茶	下午景点			晚餐	

新大阪站 ► JR东海道新干线・京都站 ► JR山阴本线・二条站 ► 二条城 ► 丸太町十二段家（步行） ► 京都御苑（步行） ► 舒芙蕾・六盛茶庭（出租车 900 日元） ► 平安神宫（步行） ► 5、100 路公交车 ► 京都车站 ► 中华拉面・本家第一旭（步行） ► JR新干线・新大阪站

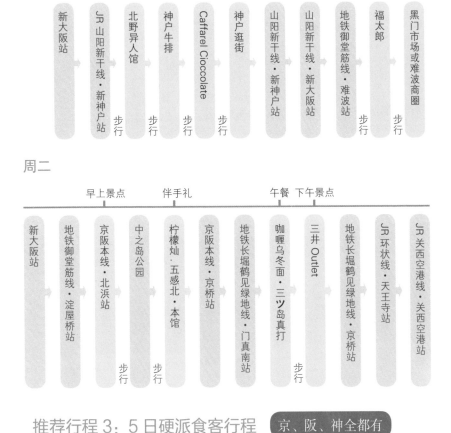

周一

早上景点　午餐　下午茶　下午景点　　　　　　　晚餐　晚上逛街
　　　　　　　　　　伴手礼

新大阪站 → JR山阳新干线·新神户站 →步行 北野异人馆 →步行 神户牛排 →步行 Caffarel Cioccolate →步行 神户逛街 → 山阳新干线·新神户站 → 山阳新干线·新大阪站 → 地铁御堂筋线·难波站 →步行 福太郎 →步行 黑门市场或难波商圈

周二

早上景点　　　伴手礼　　　　午餐　下午景点

新大阪站 → 地铁御堂筋线·淀屋桥站 → 京阪本线·北浜站 →步行 中之岛公园 →步行 柠檬灿·五感北·本馆 → 京阪本线·京桥站 → 地铁长堀鹤见绿地线·门真南站 → 咖喱乌冬面·三ツ岛真打 →步行 三井Outlet → 地铁长堀鹤见绿地线·京桥站 → JR环状线·天王寺站 → JR关西空港线·关西空港站

推荐行程3：5日硬派食客行程　京、阪、神全都有

　　眼尖的读友应该看得出本书所严选的餐厅店家中有一部分"颇具娘风"，没办法！谁叫我采访的是京都呢！再者，基于迁就女性读友以及必须迁就女性的男性读友，和前一本《东京B级美食》相比，京都版本的食物精致度确实比较高。

　　然而俗语说得好："硬汉不喝下午茶"，身为硬派食客的我，当然得替广大的硬汉读者群安排一趟硬汉觅食旅程，为纯男性自助团提供可

以"不拘小节、大口吃肉"的豪迈食游建议，尤其是三五哥们儿同游日本，总不能在灯光美、气氛佳之下小心翼翼地吃着舒芙蕾，更别说一边挖着小不拉几的蛋糕与和果子，一边轻声细语地说"卡哇依捏"吧！

不过，硬派食客通常不怕舟车劳顿，所以旅行的移动范围可以略微放大，特别是一年难得有几天假期的理工宅，虽然只有五天，总是想贪婪地把京都大阪的精华"一网打尽"，行程安排上可以前两晚住京都，后两晚住大阪（这样才可以避开假日京都庞大的观光人潮），选择的餐厅也以饱足系的食材为原则，至于下午茶、意大利面、甜点果子类则能免就免。

周三（建议选择京都车站附近的旅馆）

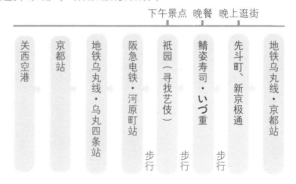

周四

周五晚（上改为下榻大阪，建议选择天王寺站附近）

早上景点　午餐　　　　　下午景点　晚餐

京都车站　→　地铁乌丸线·乌丸四条站　→　京都文化博物馆、锦小路、六角堂 步行　→　荞麦面·本家尾张屋　→　在四条乌丸路口搭31系统公交车到一乘寺北大丸町站 注　→　惠文社一乘寺店 步行　→　浓厚鸡白汤拉面·面屋极鸡　→　一乘寺北大丸町站搭31系统公交到乌丸站　→　地铁乌丸线·京都车站　→　JR京都线·大阪站　→　JR大阪环状线·天王寺

注：一乘寺北大丸町站31系统公交车到乌丸站车程50分钟、京都站到大阪站车程30分钟、大阪站到天王寺车程20分钟，所以整个移动时间含等车至少要2小时。

周六

早上景点　午餐　　　　　下午景点　晚餐　　　　　晚上逛街

天王寺站　→　JR环状线·京桥站　→　地铁长堀鹤见绿地线·门真南站 步行　→　三井OUTLET 步行　→　咖喱乌冬面·三ツ岛真打　→　地铁长堀鹤见绿地线·长堀桥站　→　地铁堺筋线·日本桥站 注　→　黑门市场·难波 步行　→　大阪烧·福太郎 步行　→　地铁御堂筋线·天王寺站　→　阿倍野HARUKAS夜景

注：日本桥、心斋桥与难波三个地铁站所包围的地区是大阪最热闹的商圈。

周日

早上景点伴手礼　　　　　午餐　　　下午景点

天王寺站　→　地铁御堂筋线·动物园前站　→　地铁堺筋线·北浜站 步行　→　中之岛公园　→　柠檬灿·五感北滨总店　→　地铁堺筋线·动物园前站　→　地铁御堂筋线·昭和町站　→　味噌干拌面彩々·昭和町总店　→　地铁御堂筋线·天王寺站　→　庆泽园 注　→　天王寺站　→　JR关西空港线·关西空港站

注：考虑到下午一点以前人较多，所以也可以先去庆泽园，再去彩々·昭和町总店。

京都人情味小吃

推荐行程 4：京都市区的慵懒觅食路线

旅行速度的快慢不能以绝对的"好坏"来评判，有人喜欢用有限的时间到处游玩，有人偏好慢慢来，其实快与慢并非在于速度，而在于移动的范围。京都很大，关西地区更大，为了配合"只想在京都市区缓慢地移动"的读者，我在下面也特别做出了相关的规划。但必须注意的是，这种固定周三出发到周日回国的标准安排，已经帮读者避开餐厅与景点的休息日，以及每家餐厅人潮汹涌的时段，因此，请千万不要更改出发日（周三）与安排的顺序。

我依旧建议下榻京都车站附近的旅馆，许多人会选择河原町或乌丸，图的是逛街方便，其实京都车站内以及地下商店街的逛街规模一点都不输给其他地区。

既然是懒人觅食行程，点与点之间，如果不是太远，建议还是以搭计程车为主，一来可以节省找路的困扰，再者，京都公交车单次 230 日元，若再加上转车则共花费 460 日元（两人就要花 920 日元），若出租车车费不到 1000 日元，又可以节省大量时间，实在无须过于小气。

周三

下午景点　晚餐

关西空港 → 京都车站 → 三十三间堂（出租车 注）→ 比萨·IL PAPPALARDO（步行）→ 在三十三间堂前搭100、206、208号公交车 → 京都车站（步行）

周四

早上景点　早上景点　午餐

京都车站 → 地铁乌丸线·北山站 → 京都府立陶板名画庭 → 京都府立植物园（步行）→ 蛋包饭＋百年布丁·东洋亭（步行）

注：搭出租车的原因在于第1天下榻旅馆的时间恐怕已经接近16:00，而三十三间堂最后进场时间是下午17:00，许多人第1天到京都应该还搞不清楚公交车搭乘方式或地点，况且车费不到1000日元。

下午景点　下午景点　晚餐　　晚上景点　宵夜

诗仙堂（出租车 注1）→ 惠文社 → 拉面·面屋极鸡 → 睿山电铁·出町柳站（出租车）→ 京阪鸭东线·祇园四条站（注2）→ 祇园花见小路（步行）→ 鲭姿寿司·いづ重（步行）→ 京阪电铁·七条站（步行）→ 京都车站

注1：出租车车费
　　　1100~1200日元。
注2：车费约900日元。

周五

早餐　早上景点　早上景点　午餐　下午景点　下午茶　下午景点　晚餐　晚上逛街

京都车站 → 地铁乌丸线·御池乌丸站 → INODA COFFEE 注 → 石黑香铺 → 京都文化博物馆 → 荞麦面·本家尾张屋（总店）→ 六角堂 → 琥珀流光·栖园 → 锦小路、新京极通 → 素食·无目的咖啡 → 河原町各大百货公司 → 阪急电铁·乌丸站 → 地铁乌丸线·京都站
（步行）

注：尽量避开周六、日的排队人潮。

周六

| | 早上景点 | 点心 | | | 午餐 | 下午景点 | 下午景点 | 下午茶 | | 晚餐 |

京都车站 ▶ 搭50、101系统公交车到北野天满宫站下车 ▶ 北野天满宫 ▶ 阿王饼·粟饼所泽屋点心 ▶ 今出川站 ▶ 地铁乌丸线⇒丸太町站 ▶ 元祖茶泡饭·丸太町十二段家 ▶ 京都御苑 ▶ 下鸭神社 ▶ 蕨饼与冰品·茶寮宝泉 ▶ 下鸭东本町站搭公交车204、206、北8系统 ▶ 京都车站 ▶ 中华拉面·本家第一旭

（阿王饼·粟饼所泽屋点心：步行）
（今出川站：出租车）
（地铁乌丸线⇒丸太町站：注1）
（元祖茶泡饭·丸太町十二段家：步行）
（下鸭神社：出租车）
（蕨饼与冰品·茶寮宝泉：注2）
（下鸭东本町站搭公交车：出租车 注3）
（京都车站：步行）

注1：出租车费不到 900 日元。
注2：出租车费约 800 日元。
注3：出租车费不到 800 日元。

周日

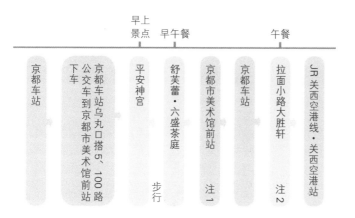

| | | 早上景点 | 早午餐 | | | 午餐 | |

京都车站 ▶ 京都车站乌丸口搭5、100路公交车到京都市美术馆前站下车 ▶ 平安神宫 ▶ 舒芙蕾·六盛茶庭 ▶ 京都市美术馆前站 ▶ 京都车站 ▶ 拉面小路大胜轩 ▶ JR关西空港线·关西空港站

（舒芙蕾·六盛茶庭：步行）
（京都市美术馆前站：注1）
（拉面小路大胜轩：注2）

注1：从平安神宫搭公交车回京都车站需 35~40 分钟，若搭乘出租车车费大约 1800 日元。
注2：时间允许的话可以在京都车站楼上的拉面小路吃碗拉面，建议选择日本蘸面的始祖店大胜轩，
　　 虽然本书没有专文介绍，但仍值得读者在离开京都之前顺道品尝一下。

推荐行程 5：5 日贵妇美食行程 京都质感

和东京、大阪的浓重商业气息相比，京都是个很有质感的古都，寻找美食一定要挑具有和风禅味或格调高雅的餐厅，那些拥挤狭窄看起来略显油腻的店家自然不会出现在贵妇的行程中。当然，预算提高一些恐怕也是必要的。

这条线路所安排餐厅与景点以京都较著名景点及美食为主，所以建议选择京都车站附近的旅馆。第 1 天从关西空港到京都，办妥旅馆 check-in（入住）后，大约已是 16:00。

周三

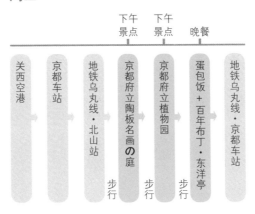

下午景点 下午景点 晚餐

关西空港 → 京都车站 → 地铁乌丸线·北山站 → 京都府立陶板名画の庭 （步行） → 京都府立植物园 （步行） → 蛋包饭＋百年布丁·东洋亭 （步行） → 地铁乌丸线·京都车站

周四（全天行程都在京都近郊）

	午餐			下午景点	晚餐		
京都车站	JR琵琶湖线·近江八幡站	近江牛Tiffany餐厅	JR琵琶湖线·京都站	地铁乌丸线·丸太町站	京都御苑	元祖茶泡饭·丸太町十二段家	地铁乌丸线·京都站
		步行 注1		步行	步行		注2

注1：平日午餐比较便宜。

注2：这一天的行程比较松是因为从京都到近江八幡的乘车时间需40分钟。

周五

	早餐	早上景点	早上景点	午餐	下午景点	下午茶	下午景点	晚餐	晚上逛街		
京都车站	地铁乌丸线·御池乌丸站	INODA COFFEE	石黑香铺	京都文化博物馆	荞麦面·本家尾张屋（总店）	六角堂	琥珀流光·栖园	锦小路、新京极通	素食·无目的咖啡	河原町百货公司	阪急电铁·乌丸站	地铁乌丸线·京都站
	步行	步行	步行	步行	步行	步行	步行	步行			

周六

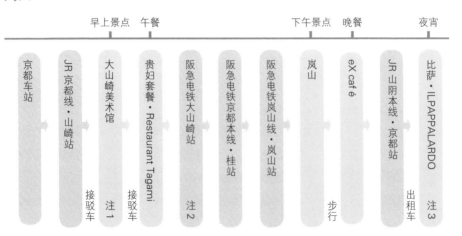

早上景点　午餐　　　　　下午景点　晚餐　　　　夜宵

京都车站 → JR京都线·山崎站（接驳车）→ 大山崎美术馆（注1）→ 贵妇套餐·Restaurant Tagami（接驳车）→ 阪急电铁大山崎站（注2）→ 阪急电铁京都本线·桂站 → 阪急电铁岚山线·岚山站 → 岚山（步行）→ eX café → JR山阴本线·京都站（出租车）→ 比萨·ILPAPPALARDO（注3）

注1：15 分钟即可抵达。
注2：在山崎这个小镇，JR 车站的名称是山崎，阪急电铁的车站名称是大山崎，两座车站距离仅仅 100 米。
注3：车费不超过 1000 日元。

周日

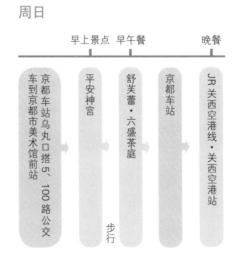

早上景点　早午餐　　　　晚餐

京都车站乌丸口搭 5、100 路公交车到京都市美术馆前站 → 平安神宫（步行）→ 舒芙蕾·六盛茶庭 → 京都车站 → JR关西空港线·关西空港站

附录：JR 关西空港线时刻表

下面是 JR 关西空港线往来主要大站的时刻表，日本铁路不太会误点。请提早作出行程规划，避免错过班次。为了配合整体的行程安排，以下仅列出符合以上 5 种行程的班次。但请别忘了：旅行是为了体会当地生活，顺便品味自己的人生。因此即使心中有再多想去的地方，也需要适当取舍，不要因为匆促而遗忘了外出旅行的那份初衷。

出关西空港

关西空港 →	天王寺 →	新大阪 →	京都
11:16	11:49	12:05	12:31
12:16	12:49	13:05	13:31
13:16	13:49	14:05	14:31
14:16	14:49	15:05	15:31
15:16	15:49	16:05	16:32
16:16	16:50	17:07	17:32
16:46	17:19	17:38	18:02
17:16	17:50	18:07	18:32
17:46	18:19	18:38	19:02
18:16	18:50	19:09	19:34
18:46	19:19	19:38	20:02

回关西空港

京都 →	新大阪 →	天王寺 →	关西空港
9:15	9:46	10:03	10:34
9:45	10:14	10:31	11:03
10:15	10:44	11:00	11:34
11:15	11:44	12:00	12:34
12:15	12:44	13:00	13:34
13:15	13:44	14:00	14:34
14:15	14:44	15:00	15:34
15:15	15:44	16:00	16:34
16:15	16:44	17:00	17:32
16:45	17:14	17:33	18:20

吃在京都 *TOP 6*

★荞麦面

荞麦面堪称日本传统纯度最高的面食。日本人认为荞麦面属于料亭级食物，店家在装潢桌椅上都比拉面店讲究，与被视为廉价快餐的拉面与乌冬面相比，荞麦面的售价硬生生地贵上许多。

★箱寿司

将醋腌渍后的鱼肉以及白饭放进箱子内压制成型后再切成块状食用，即箱寿司。相对于为应付繁忙的客人而省略了压箱步骤的握寿司，箱寿司才是正统的寿司。箱寿司的步骤繁琐，除了要把昆布味融入到白饭里，白饭熬煮的时间也相当长（数个小时）并且必须搭配食材一起熬煮，师傅的刀工更是讲究。鲭鱼箱寿司为京都高贵料理的象征，生鲭鱼搭配醋及和式酱油，有股令人欲罢不能的好味道。

★舒芙蕾

舒芙蕾制作极为繁复，只要分量、温度、时间有一丁点的差错，就会功亏一篑。对于厨师来说，舒芙蕾是道孤高的甜点；而对于食客来说，舒芙蕾也是道难以亲近的高傲甜点。让味蕾去感受一下这场温热、甜美、滑润爆浆似的味蕾飨宴，细细品味这款得来着实不易、宛如完美爱情的高傲法式甜点吧。

★拉面

京都人吃拉面倾向于"干拌"吃法，口味颇有日益浓厚的趋势。被京都当地人公认的一级拉面战区"一乘寺"附近拉面名店众多，值得饕客前往一探究竟。

★伴手礼

和果子/香袋 目前还不那么为人所知的日式和果子"最中"为兼具特殊罕见、有和风色彩与传统美味，味道甜美，方便携带的素简甜点/京都的香袋采用京都产的西阵织、友禅染布等高级材质缝制而成。香气来自天然辛香料，香气持续的时间也相当久，闲来握在手上把玩，除了熏香外还可以欣赏香袋的西阵织或京友禅，可谓"满室京都味"呢。

★近江牛料理

近江牛在日本其他地方很难品尝到，食后有"曾经沧海难为水"之感。近江牛的油花（霜降）分布均匀，每口牛肉都有一致的细腻口感，细致的程度可以用"吃果冻"的方式来形容，入口即化的近江牛用舌齿吸吮即可，无须咀嚼太多，品尝的过程中会让人发出"美好的时光总是如此短暂"的咏叹。